11

Sobotta

Spielend durch die Anatomie 3

ZNS und Leitungsbahnen
126 Lernkarten

Zusammengestellt
von
Peter Posel

2., überarbeitete Auflage

Urban & Schwarzenberg
München – Wien – Baltimore

Zusammengestellt von
Dr. med. Peter Posel
Ismaninger Str. 3
81675 München

Lektorat: Dr. med. Dorothea Hennessen
Redaktion: Alexander Gattnarzik
Herstellung: Christine Zschorn
Die Abbildungen stammen aus:
Sobotta
Atlas der Anatomie des Menschen
19. und 20. Auflage
herausgegeben von J. Staubesand
bzw. R. Putz und R. Pabst

CIP-Kurztitelaufnahme der Deutschen Bibliothek

Sobotta, Johannes:
Spielend durch die Anatomie / Sobotta. – München;
Wien; Baltimore: Urban und Schwarzenberg.
Bd. 4 zsgest. von Peter Posel und Erik Schulte. – Bd. 3
zsgest. von Peter Posel.
3. ZNS und Leitungsbahnen; 126 Lernkarten. –
2., überarb. Aufl. – 1997.
ISBN 3-541-17302-5

Druck: Kastner & Callwey, Forstinning

ISBN 3-541-17302-5

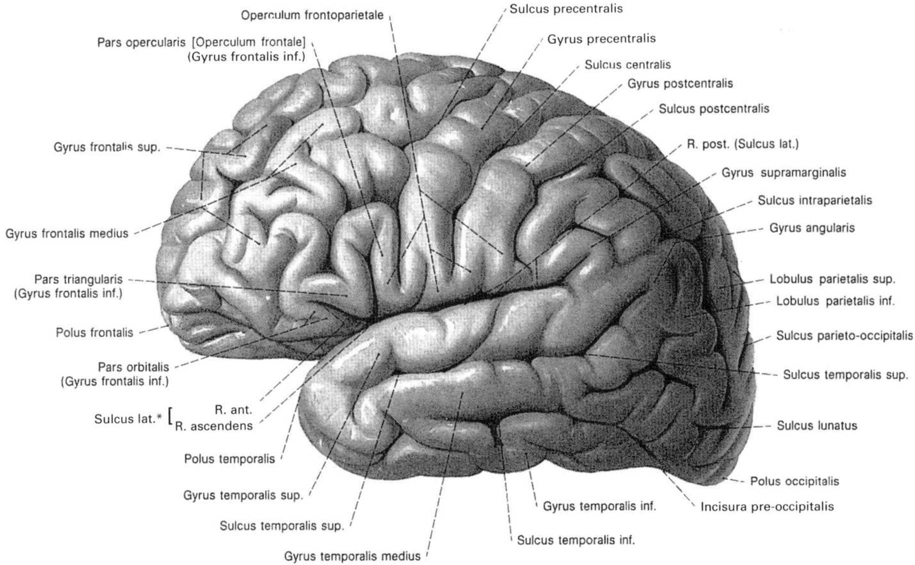

Linke Großhirnhemisphäre. Ansicht von lateral.
* SYLVIsche Furche

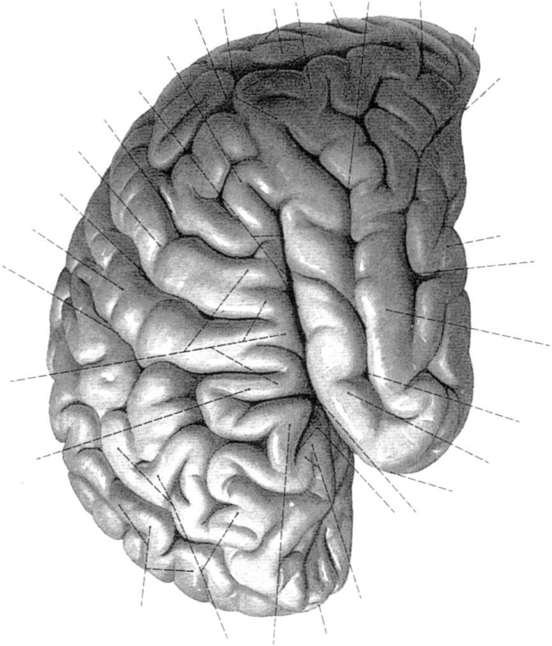

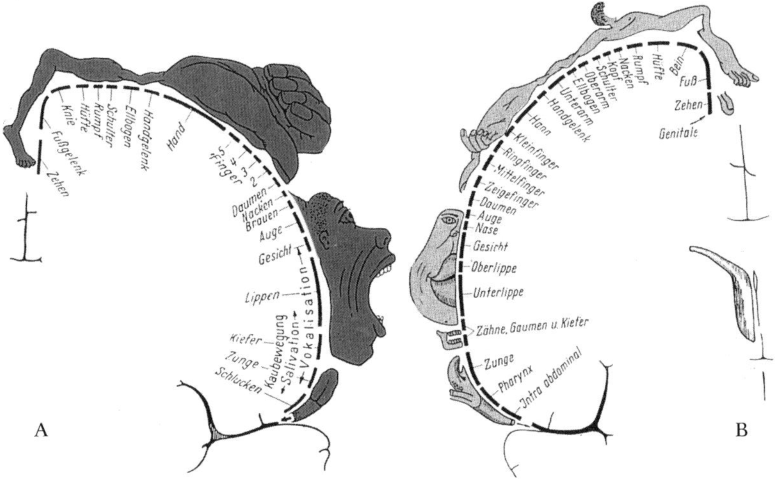

Repräsentation des Körpers (somatotope Gliederung der Neurone):
A im Gyrus precentralis (Motorik);
B im Gyros postcentralis (Sensorik).

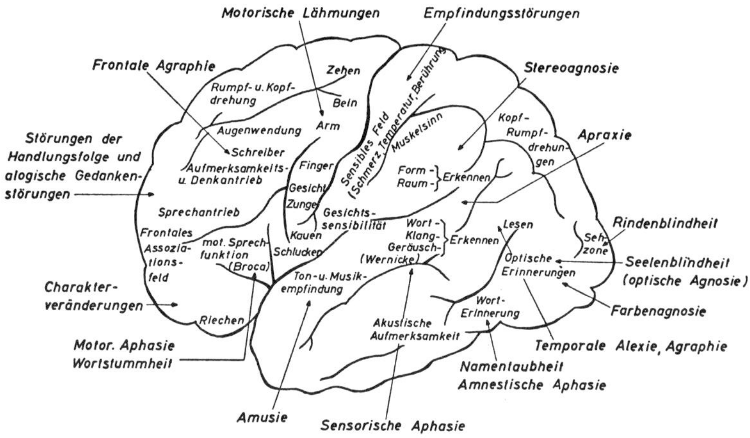

„Landkarte“ der Großhirnrinde mit Lokalisation der wichtigsten Funktionen und der zugehörigen Ausfallserscheinungen (Pfeile).

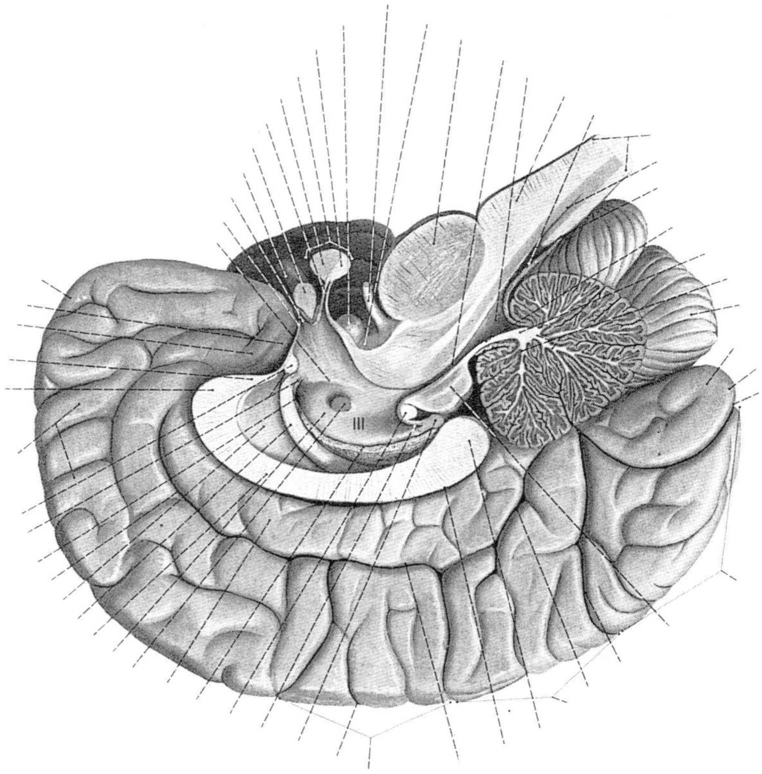
III

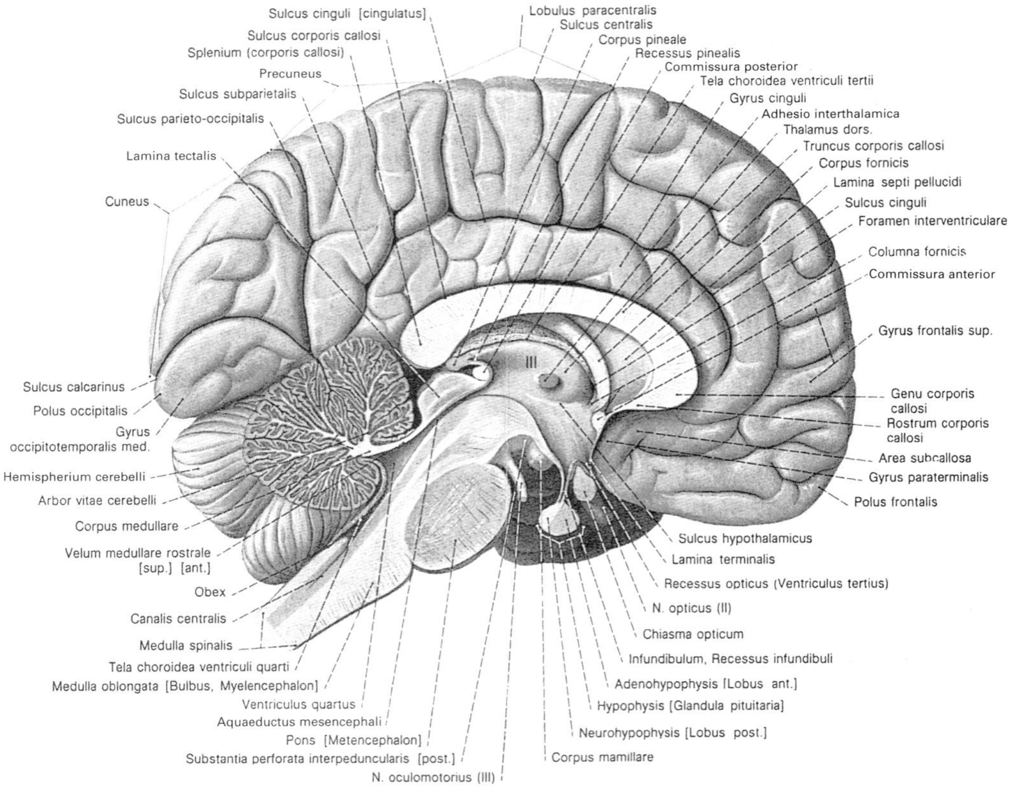

Mediansagittalschnitt durch das Gehirn.
Linke Gehirnhälfte. Ansicht der medialen Fläche.
III = Ventriculus tertius

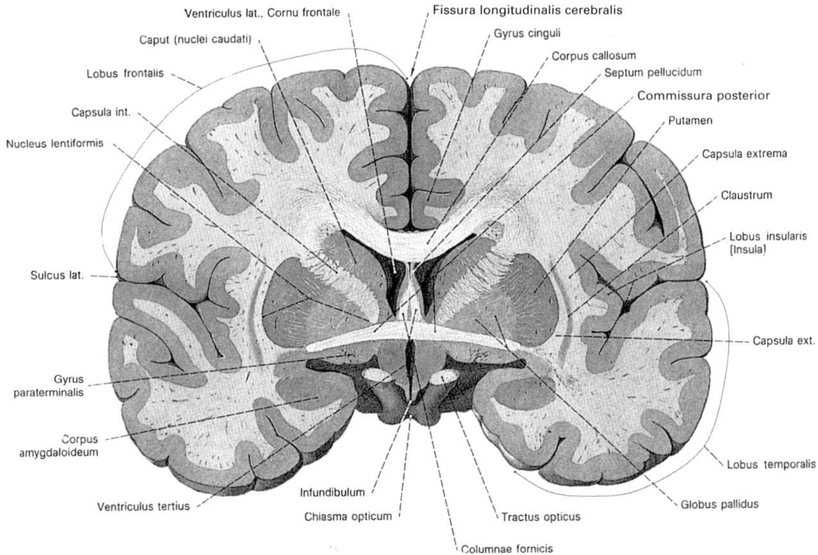

Frontalschnitt durch das Gehirn in Höhe der Commissura anterior.

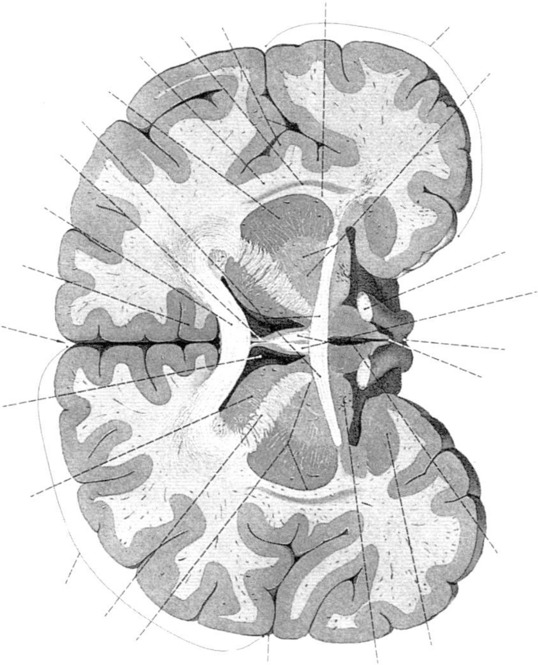

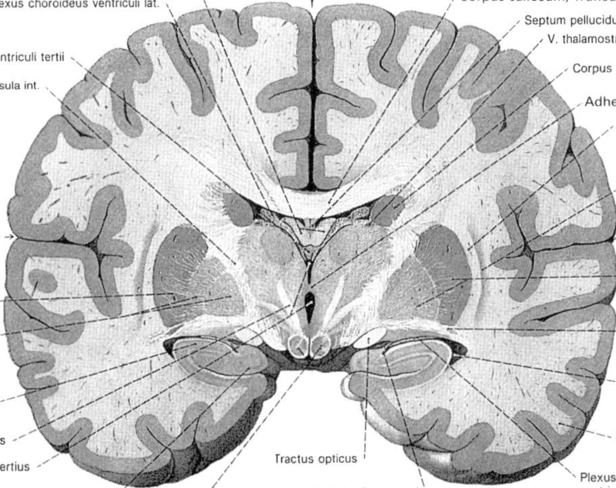

Frontalschnitt durch das Gehirn in Höhe der Corpora mamillaria und des Thalamus.

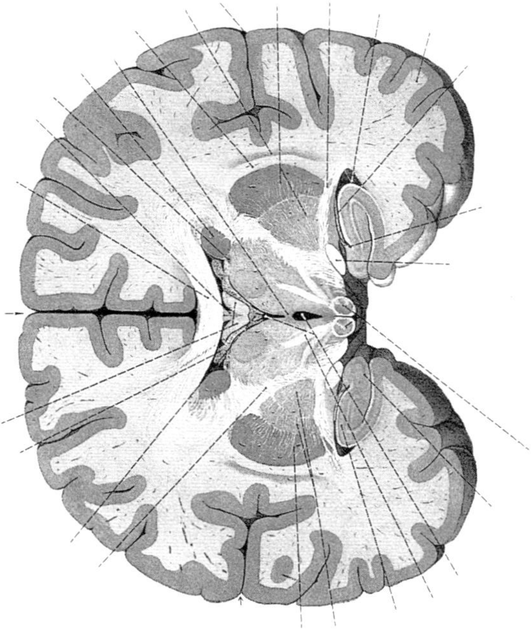

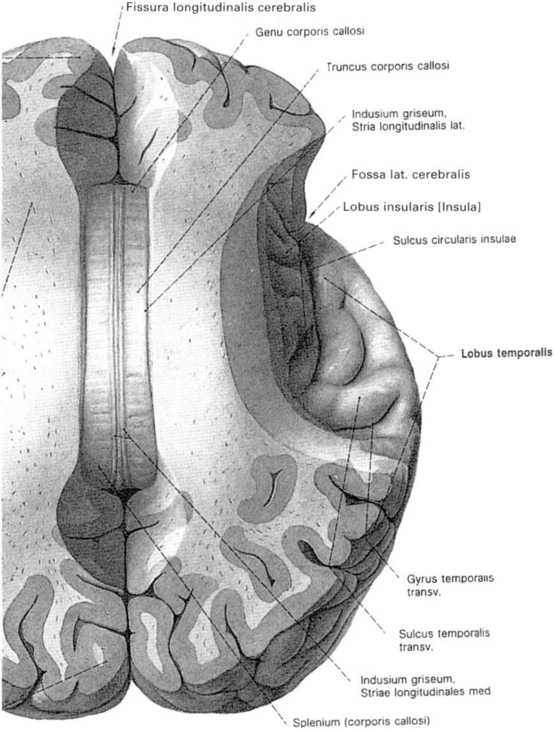

Horizontalschnitt durch das Gehirn oberhalb des Corpus callosum und der Insula. Ansicht von oben.

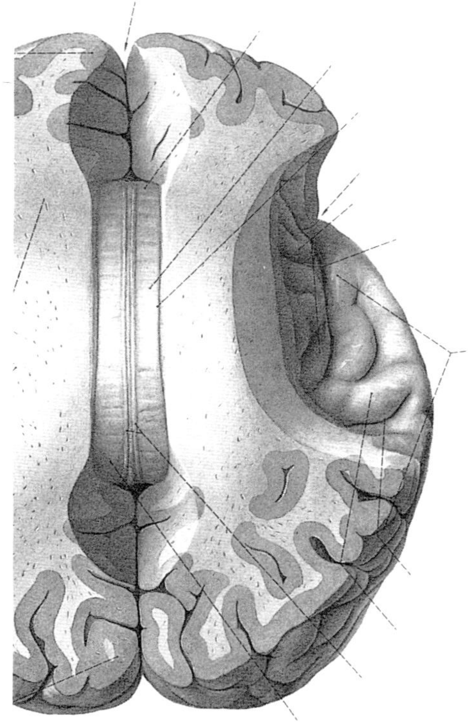

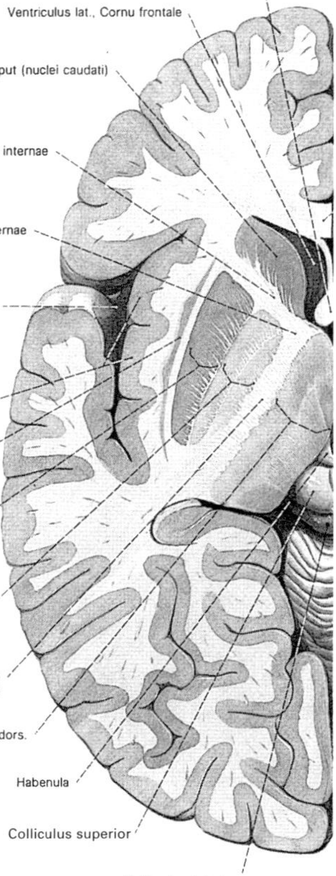

Horizontalschnitt durch das Gehirn in Höhe des Thalamus.

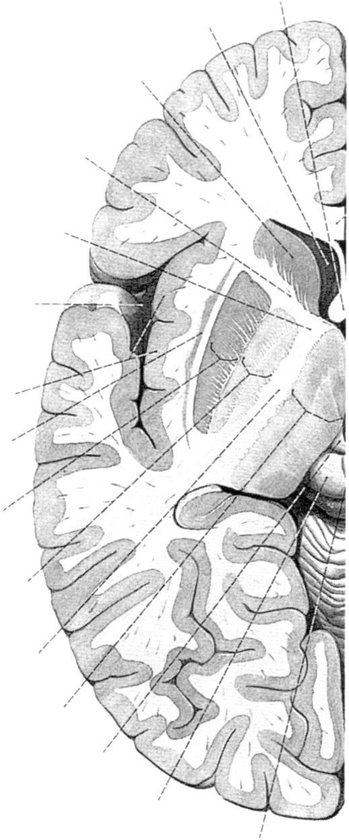

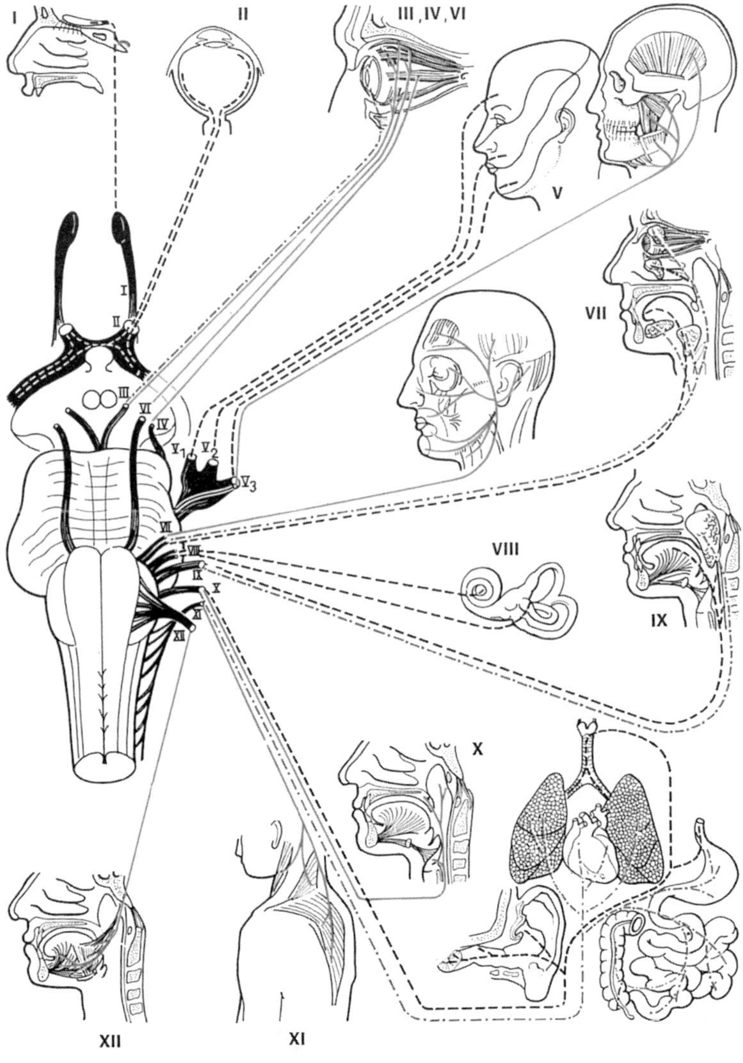
I
II
III, IV, VI
V
VII
VIII
IX
X
XI
XII

Übersicht über die Hirnnerven:
motorische Fasern = durchgezogene Linie;
sensible (sensorische) Fasern = unterbrochene Linie;
parasympathische Fasern = strichpunktierte Linie.

Nr.	Name	Faserqualitäten			
		sensorisch	sensibel	motorisch	parasymp.
I	Nn. olfactorii	+			
II	N. opticus	+			
III	N. oculomotorius			+	
IV	N. trochlearis			+	
V	N. trigeminus		+	+	+
VI	N. abducens			+	
VII	N. facialis	+	(+)	+	+
VIII	N. vestibulocochlearis	+			
IX	N. glossopharyngeus	+	+	+	+
X	N. vagus	(+)	+	+	+
XI	N. accessorius			+	
XII	N. hypoglossus			+	

Hirnnerven und deren Faserqualitäten

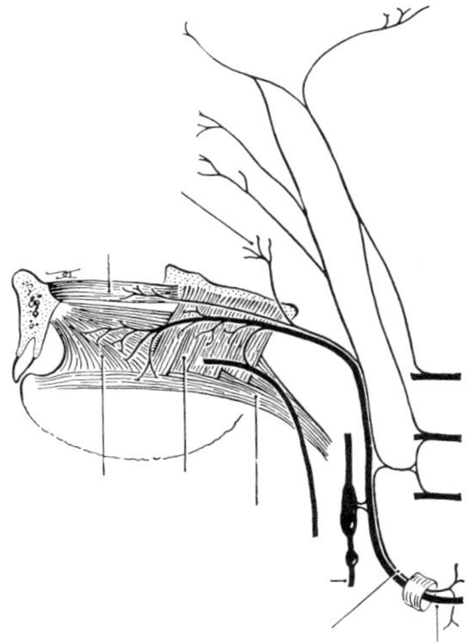

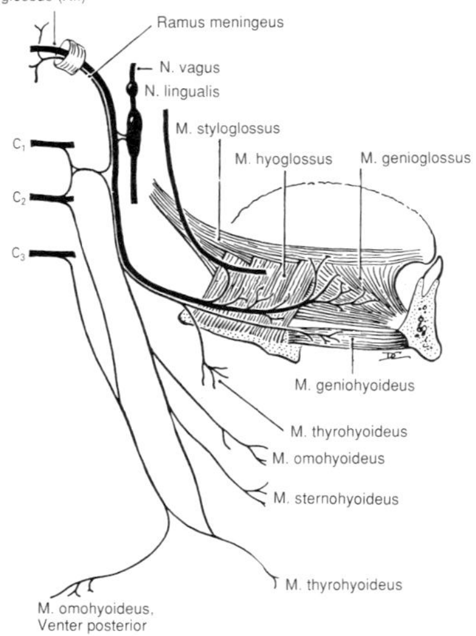

? An welcher Stelle verläßt der N. hypoglossus (XII) die Medulla oblongata?

XII N. hypoglossus motorisch (Canalis nervi hypoglossalis)

! Der N. hypoglossus (XII) verläßt ventrolateral zwischen Pyramide und Olive die Medulla oblongata.
Er verzweigt sich letztlich in die Rami linguales zu den Mm. styloglossus, hyoglossus, genioglossus sowie zur Binnenmuskulatur der Zunge.
Die Ansa cervicalis, eine Nervenschlinge aus dem Plexus cervicalis (C_1–C_3) zur infrahyalen Muskulatur, lagert sich dem N. hypoglossus (XII) zum Teil an.

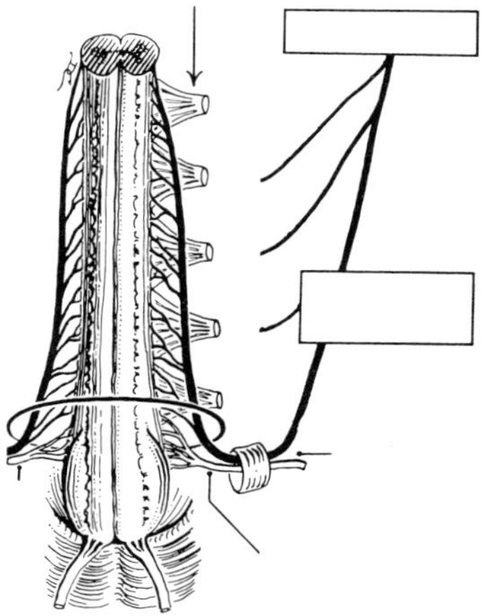

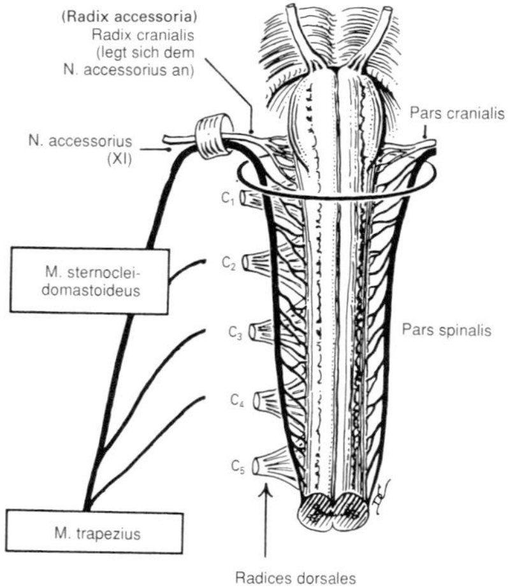

? Aus welchen Radices bildet sich der Truncus nervi accessorii?

XI N. accessorius motorisch (Foramen jugulare)

! Der N. accessorius (XI) mit motorischen Fasern zu den Mm. trapezius und sternocleidomastoideus (und mit motorischen Fasern zum N. vagus) geht aus zwei Radices hervor:
- Radices craniales (aus dem Boden der Rautengrube) verlassen seitlich die Medulla oblongata.
- Radices spinales (aus einer Kernsäule des Halsmarks [C_1–C_4]) bilden aufsteigend einen Strang und ziehen durch das Foramen magnum ins Schädelinnere.

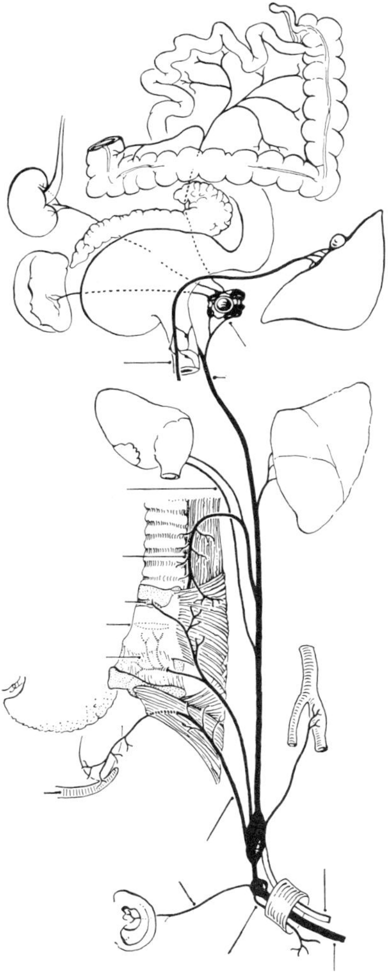

X N. vagus sensorisch, sensibel, motorisch, parasympathisch
(Foramen jugulare)

! Der N. vagus (X) hat ein ausgedehntes Innervationsgebiet. Parasympathische und sensible Fasern ziehen zu den Brustorganen (Lungen, Herz) und innervieren die Bauchorgane (bis zur Flexura coli sinistra).

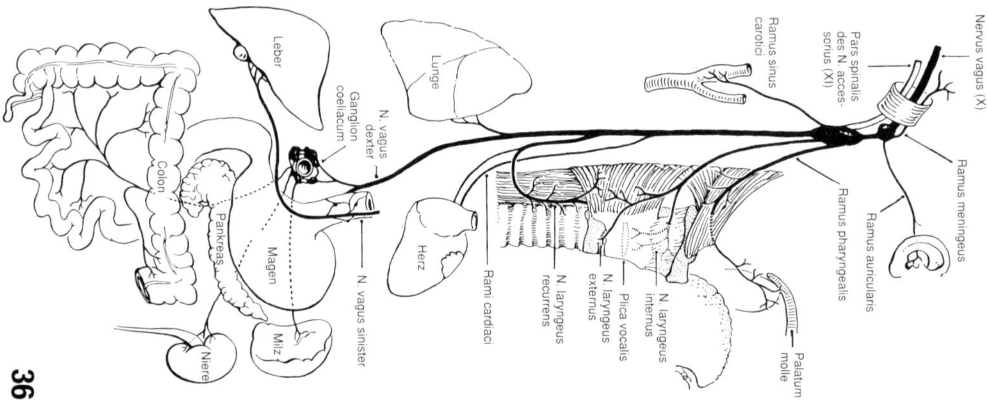

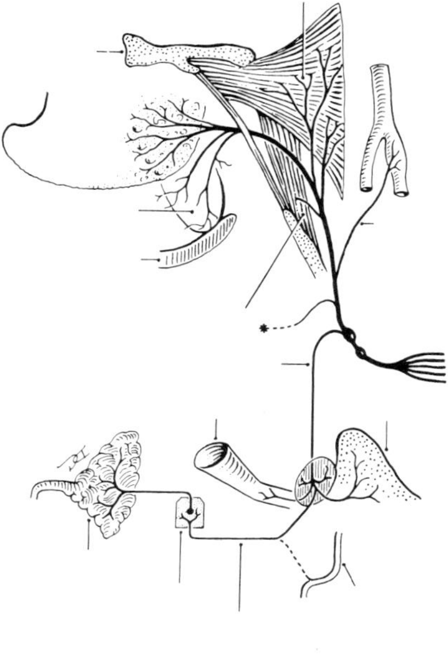

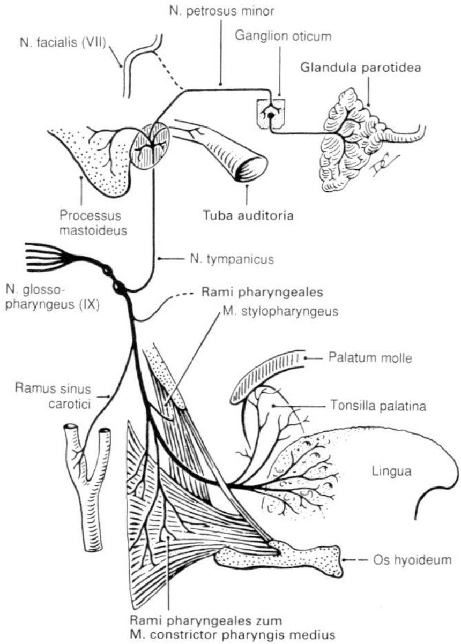

? Welche Fasern führt der Ramus sinus carotici?

IX N. glossopharyngeus sensorisch, sensibel, motorisch, parasympathisch (Foramen jugulare)

! Der N. glossopharyngeus (IX) nimmt nach dem Abgang des N. tympanicus den Ramus sinus carotici auf. Der Ramus sinus carotici besteht aus afferenten Fasern aus dem Glomus caroticum und dem Sinus caroticus in der Karotisgabel.

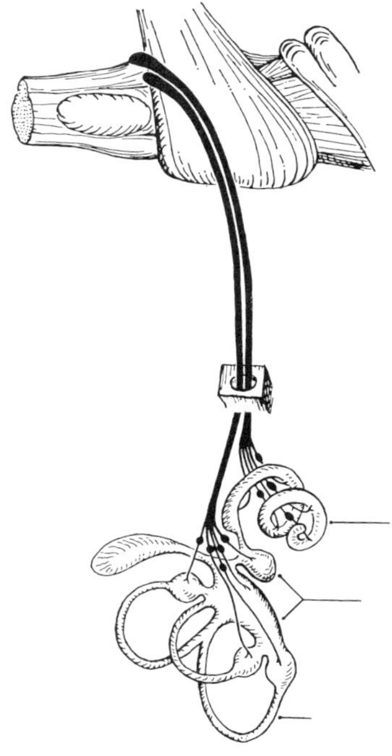

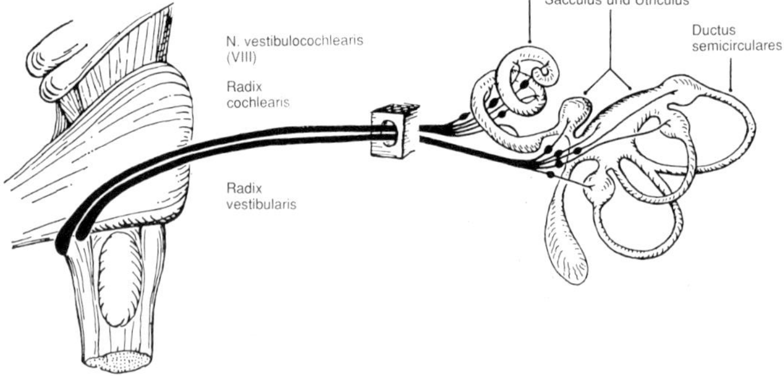

? An welcher Stelle tritt der N. vestibulocochlearis in das Rautenhirn ein?

VIII N. vestibulocochlearis sensorisch (Meatus acusticus internus)

! Gemeinsam mit dem N. facialis (VII) tritt der N. vestibulocochlearis (VIII) am Kleinhirn-Brückenwinkel in das Rautenhirn ein.

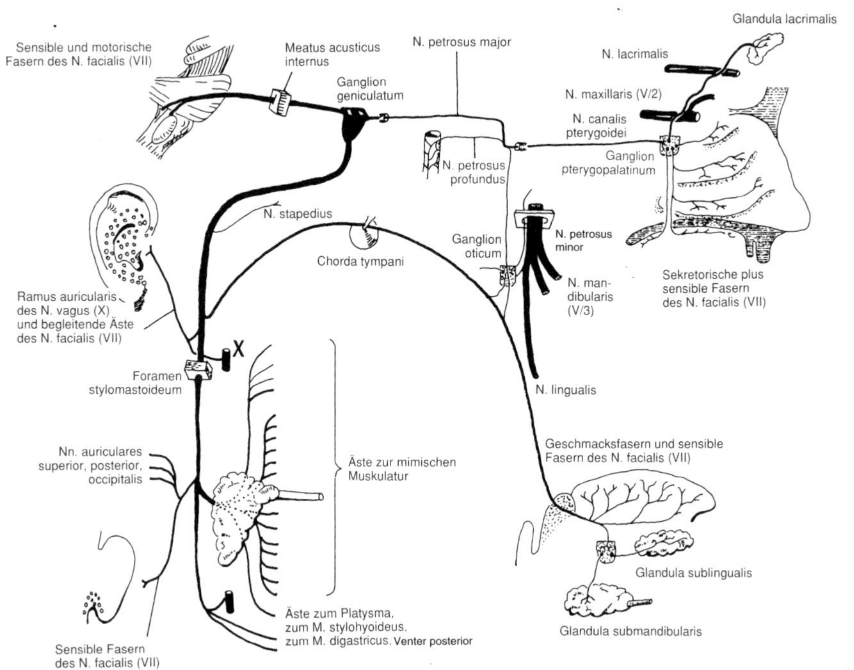
Sensible und motorische Fasern des N. facialis (VII)
Meatus acusticus internus
N. petrosus major
Glandula lacrimalis
N. lacrimalis
Ganglion geniculatum
N. maxillaris (V/2)
N. canalis pterygoidei
Ganglion pterygopalatinum
N. petrosus profundus
N. stapedius
Ganglion oticum
N. petrosus minor
Chorda tympani
N. man-dibularis (V/3)
Sekretorische plus sensible Fasern des N. facialis (VII)
Ramus auricularis des N. vagus (X) und begleitende Äste des N. facialis (VII)
X
Foramen stylomastoideum
N. lingualis
Geschmacksfasern und sensible Fasern des N. facialis (VII)
Nn. auriculares superior, posterior, occipitalis
Äste zur mimischen Muskulatur
Glandula sublingualis
Glandula submandibularis
Äste zum Platysma, zum M. stylohyoideus, zum M. digastricus, Venter posterior
Sensible Fasern des N. facialis (VII)

? Welche Fasern findet man in der Chorda tympani?

VII N. facialis sensorisch, sensibel,
sensibel, parasympathisch
(→ Meatus acusticus internus,
Foramen stylomastoideum →)

! Die Chorda tympani führt:
- Geschmacksfasern
- sensible Fasern
- die zweite Portion präganglionärer parasympathischer Fasern

✎ *Topographischer Hinweis:*
Die Chorda tympani zieht zwischen dem Hammergriff und dem Amboß und legt sich schließlich dem N. lingualis an.

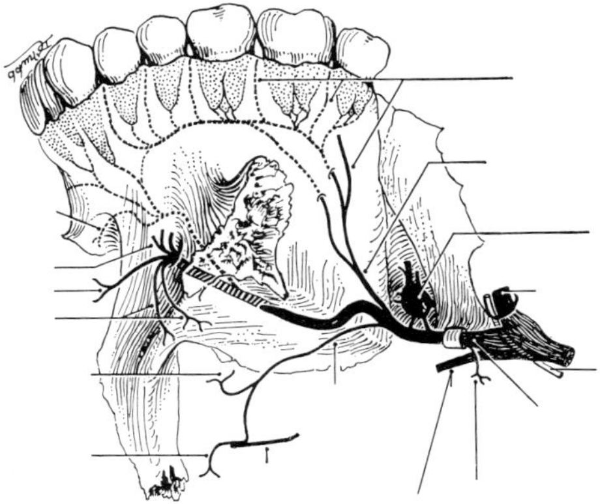

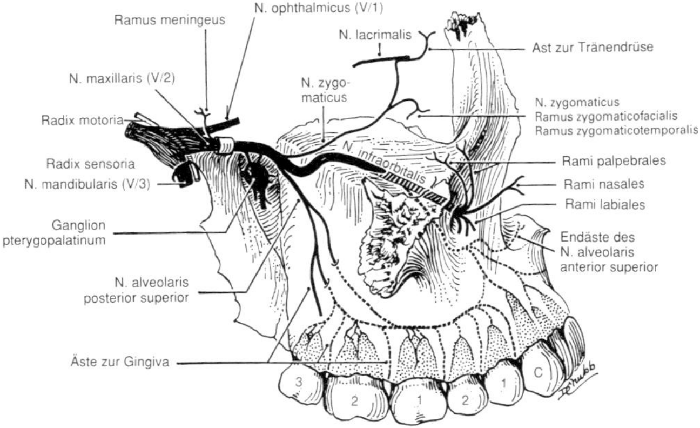

? Wie heißen die sensiblen Äste des N. trigeminus (V)?

	N. trigeminus (V)	
V/1	N. ophthalmicus	sensibel (Fissura orbitalis superior)
V/2	N. maxillaris	sensibel (Foramen rotundum)
V/3	N. mandibularis	sensibel, motorisch (Foramen ovale)

!

N. ophthalmicus → N. supra-orbitalis (Foramen supra-orbitale);
N. maxillaris → N. infra-orbitalis (Foramen infra-orbitale);
N. mandibularis → N. mentalis (Foramen mentale);
N. pterygoideus medialis (zu den M. pterygoideus med., M. tensor veli palatini, M. tensor tympani).

✎ *Topographischer Hinweis:*
Das parasympathische Ganglion pterygopalatinum (G. pt.) liegt den Nn. pterygopalatini aus dem N. maxillaris (V/2) in der Fossa pterygopalatina an.
Das G. pt. enthält Perikaryen der postganglionären parasympathischen Fasern zur Tränendrüse und zu den Drüsen der Nasenschleimhaut und des Gaumens.
Die präganglionären Fasern erreichen das Ganglion über den N. canalis pterygoidei (N. petrosus major [→ N. intermedius]).

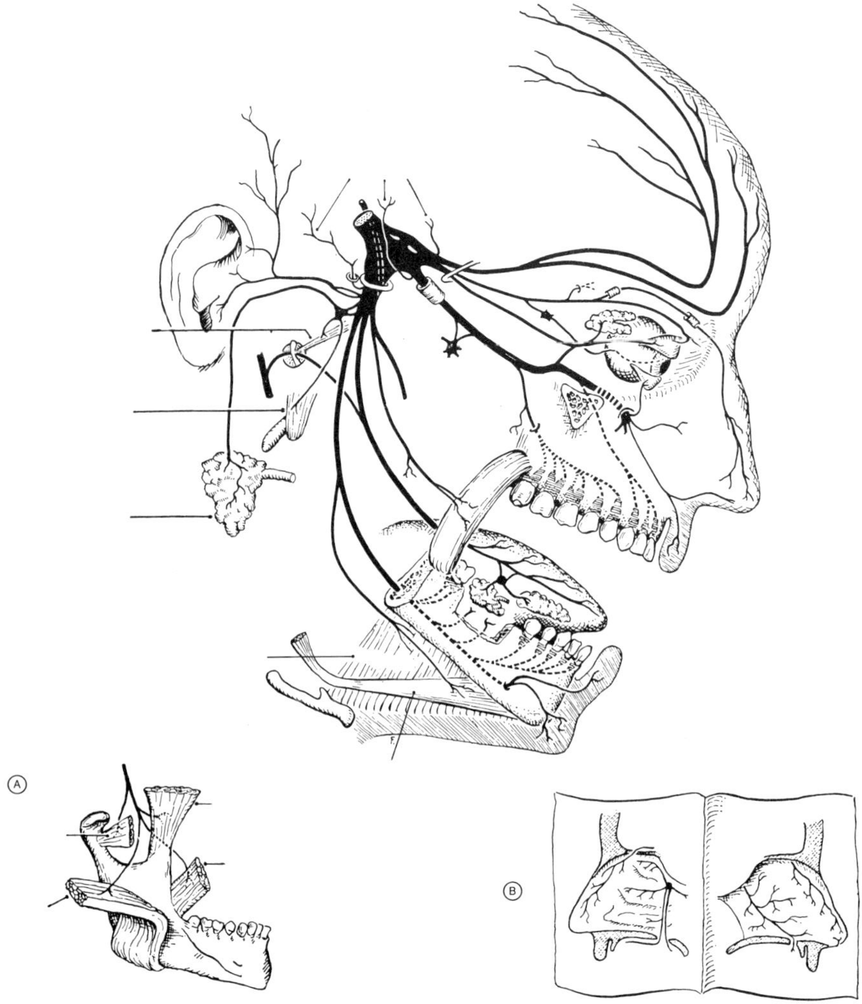
A
B

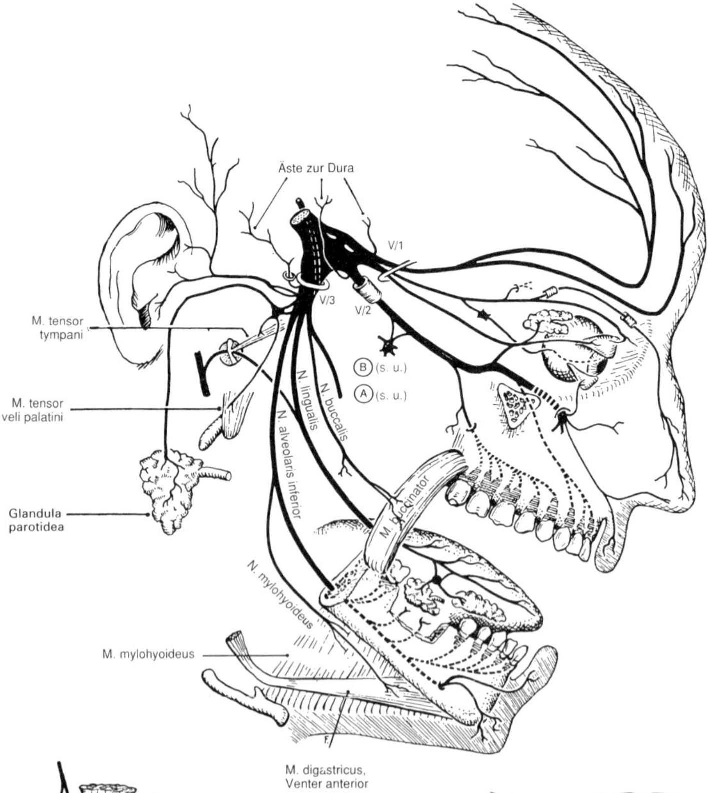

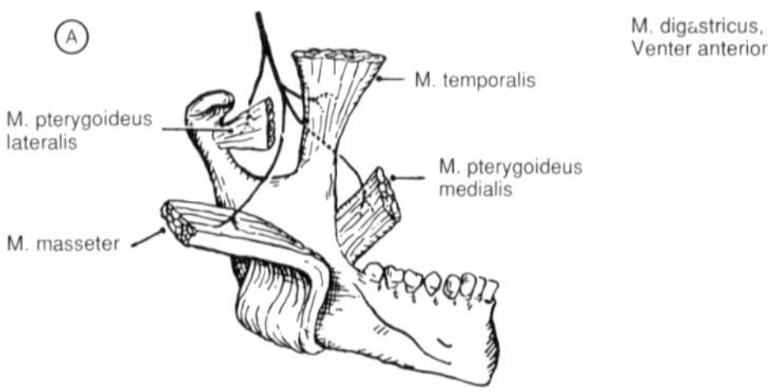

Kaumuskulatur

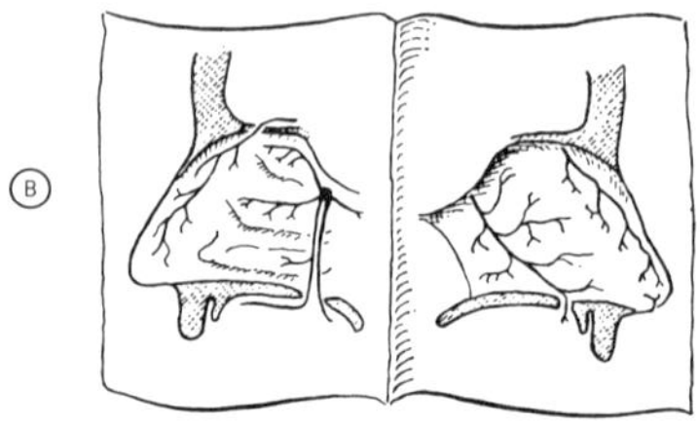

Sensorische und sekretorische Fasern zur Nasenschleimhaut und zum Gaumen

? Welche Muskeln versorgt der N. mandibularis?

	N. trigeminus (V)	
V/1	N. ophthalmicus	sensibel (Fissura orbitalis superior)
V/2	N. maxillaris	sensibel (Foramen rotundum)
V/3	N. mandibularis	sensibel, motorisch (Foramen ovale)

! In der Radix motoria des N. mandibularis (V/3) laufen:
- Nn. temporales profundi (zum M. temporalis)
- N. massetericus (zum M. masseter)
- N. pterygoideus lateralis (zum M. pterygoideus lat.)
- N. pterygoideus medialis (zu den M. pterygoideus med., M. tensor veli palatini, M. tensor tympani)

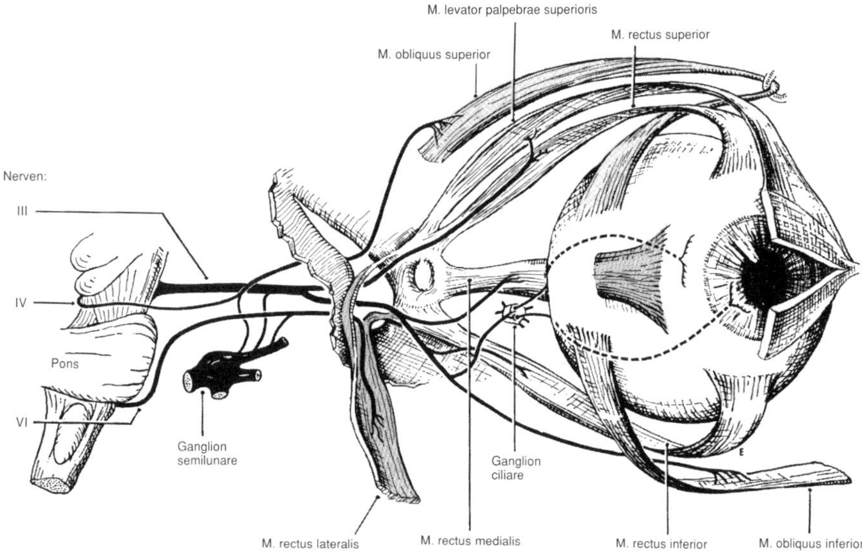
M. levator palpebrae superioris
M. rectus superior
M. obliquus superior
Nerven:
III
IV
VI
Pons
Ganglion semilunare
Ganglion ciliare
M. rectus lateralis
M. rectus medialis
M. rectus inferior
M. obliquus inferior

? Welche Art von Perikaryen enthält das Ganglion ciliare?

III	N. oculomotorius	motorisch, parasympathisch (alle übrigen vier Augenmuskeln)
IV	N. trochlearis	motorisch (M. obliquus superior)
VI	N. abducens	motorisch (M. rectus lateralis)

Alle drei Hirnnerven ziehen durch die Fissura orbitalis superior.

! Im Ganglion ciliare liegen die Perikaryen der postganglionären parasympathischen Nervenfasern für die inneren Augenmuskeln, den M. ciliaris und den M. sphincter pupillae.

✎ Klinischer Hinweis:
Der N. oculomotorius (III) findet sich nahezu immer zwischen A. cerebelli superior und A. cerebri posterior.

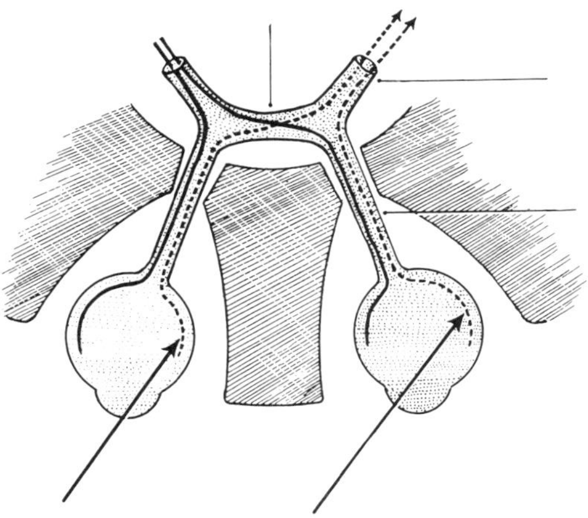

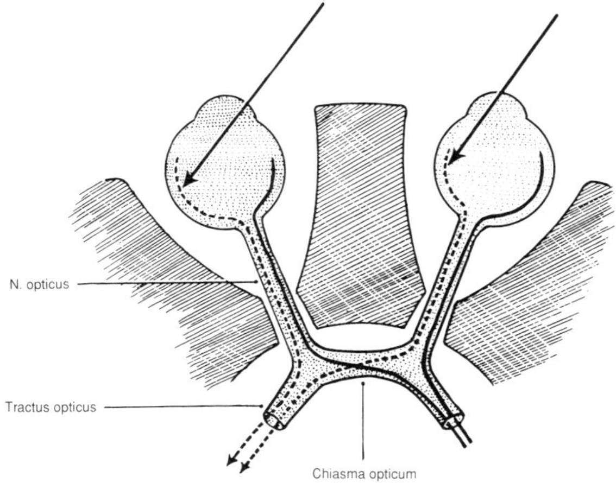

? Aus den Dendriten welchen Neurons besteht der N. opticus?

II N. opticus Sehnerv (Canalis nervi optici).

Im Chiasma opticum kreuzen die Fasern aus den nasalen Netzhauthälften zur Gegenseite. 1., 2. und 3. Neuron liegen in der Retina. Das 4. Neuron liegt im Corpus geniculatum laterale.

! Der N. opticus besteht aus den Neuriten des dritten Neurons der Sehbahn.

✎ Klinischer Hinweis:
Schädigungen im Bereich des Chiasma opticum (z.B. durch Hypophysentumoren) führen zur bitemporalen Hemianopsie („Scheuklappensehen").

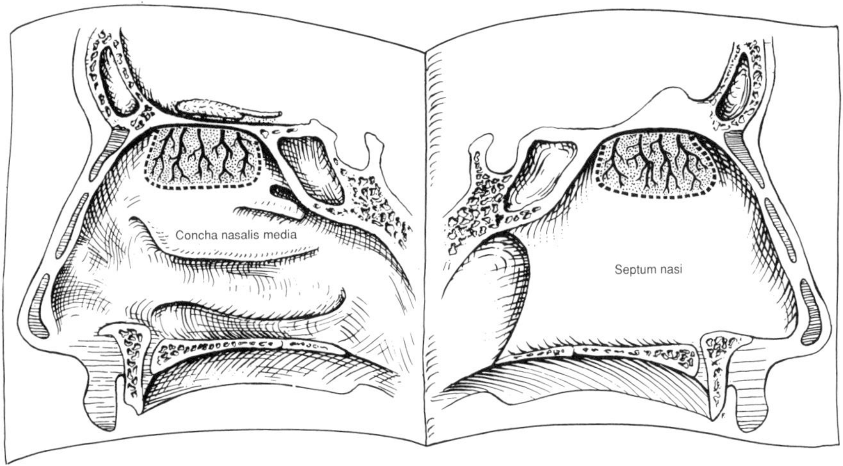

Concha nasalis media
Septum nasi

? Welchen Knochen passieren die Nn. olfactorii in Richtung der Fossa cranii anterior?

I Nn. olfactorii Geruchssinn (Lamina cribrosa).

Das 1. Neuron endet im Bulbus olfactorius an den Dendriten des 2. Neurons der Riechbahn.

! 15–20 Nn. olfactorii durchbrechen die Lamina cribrosa des Os ethmoidale und bilden den Bulbus olfactorius in der Fossa cranii anterior.

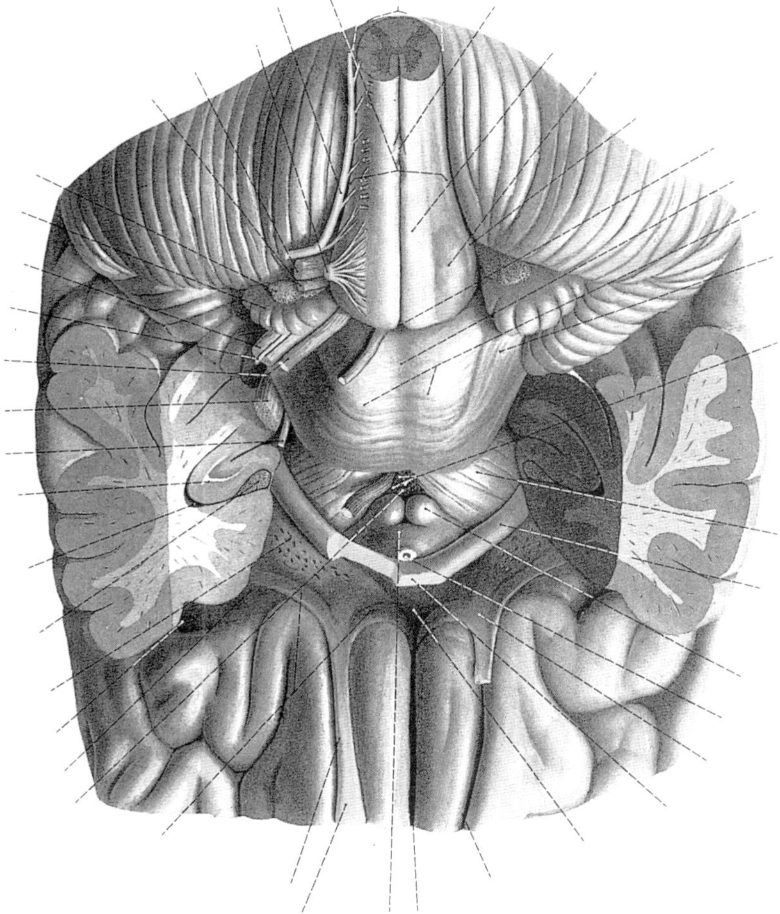

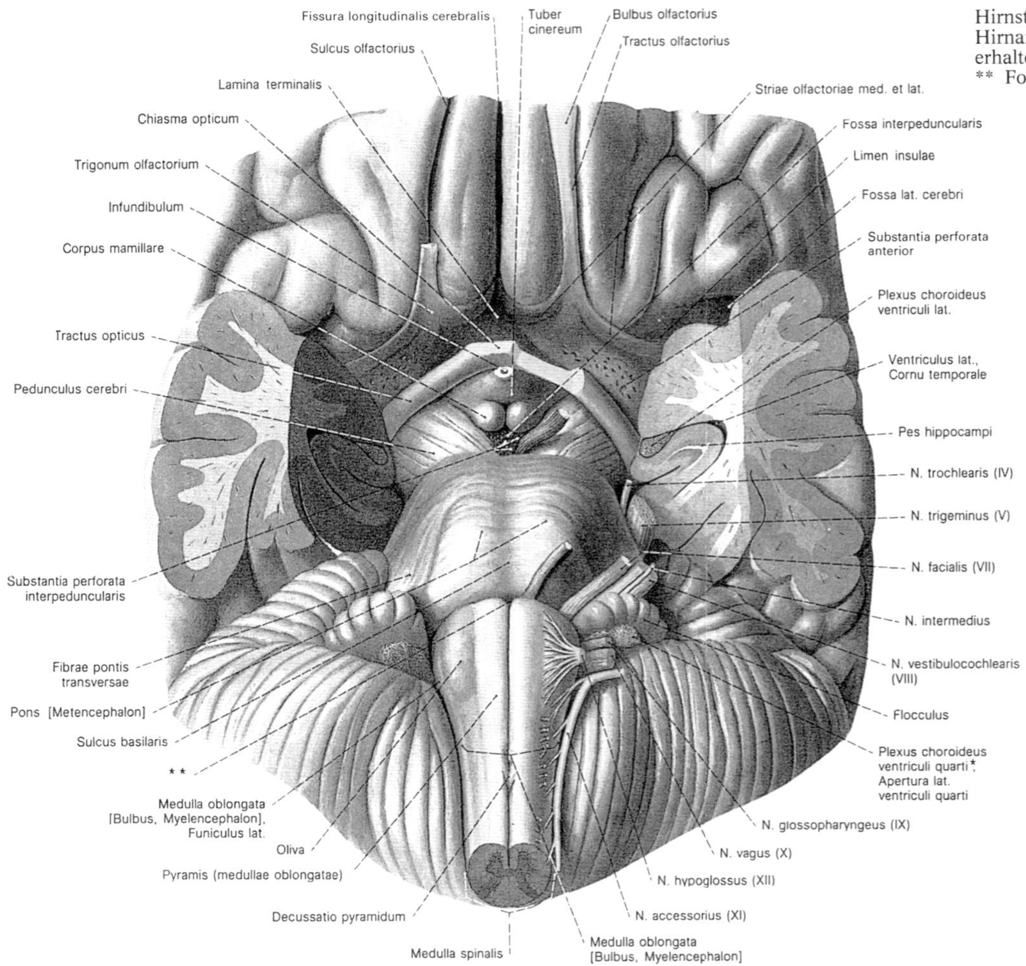

Hirnstamm (Truncus encephali) mit benachbarten Hirnanteilen. Ansicht von basal. Links Hirnnerven erhalten. * BOCHDALEKsches Blumenkörbchen, ** Foramen caecum

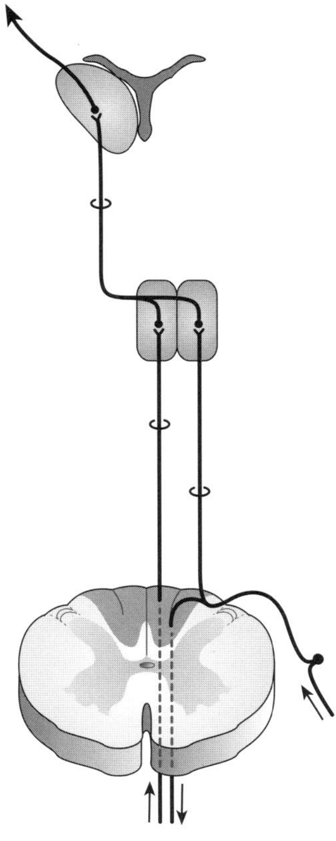

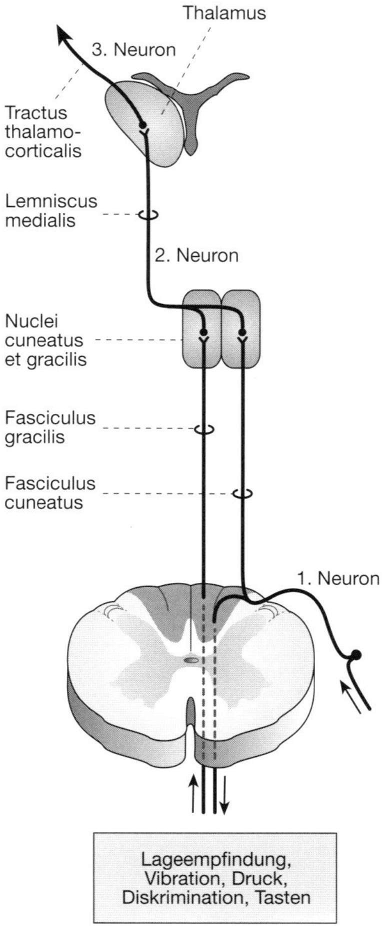
Thalamus
3. Neuron
Tractus
thalamo-
corticalis
Lemniscus
medialis
2. Neuron
Nuclei
cuneatus
et gracilis
Fasciculus
gracilis
Fasciculus
cuneatus
1. Neuron
Lageempfindung,
Vibration, Druck,
Diskrimination, Tasten

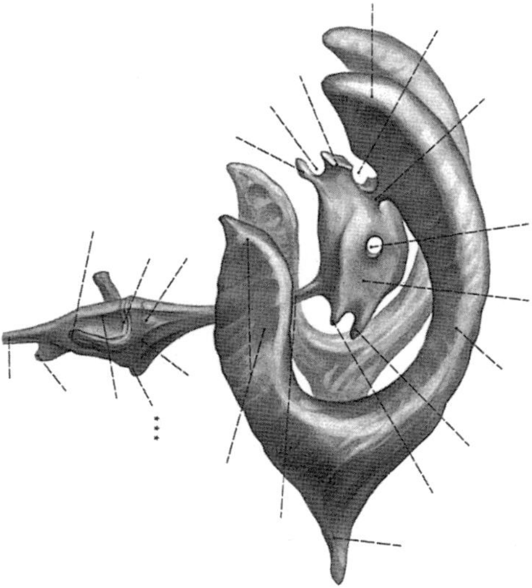

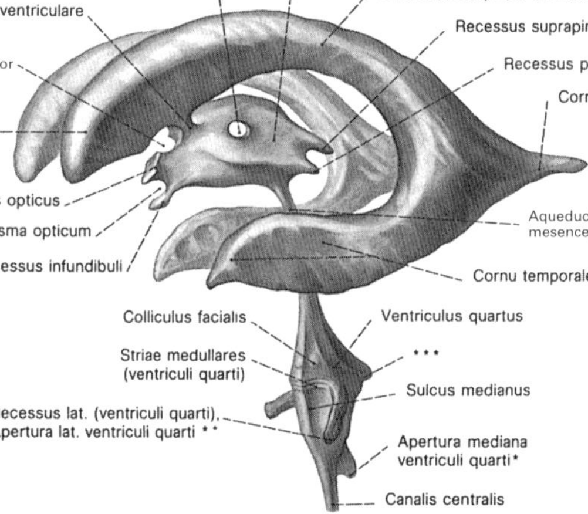

Ventrikelsystem (Ausgußpräparat). Ansicht von der linken Seite.
* Foramen Magendii, ** Foraminae Luschkae, *** Fastigium

✎ Klinisch wichtige „Engpässe des Ventrikelsystems“:
- Foramina interventricularia
- Aqueductus mesencephali
- Aperturae mediana et laterales ventriculi quarti

Bei ihrer Verlegung kann es zur Entwicklung eines Hydrozephalus kommen.

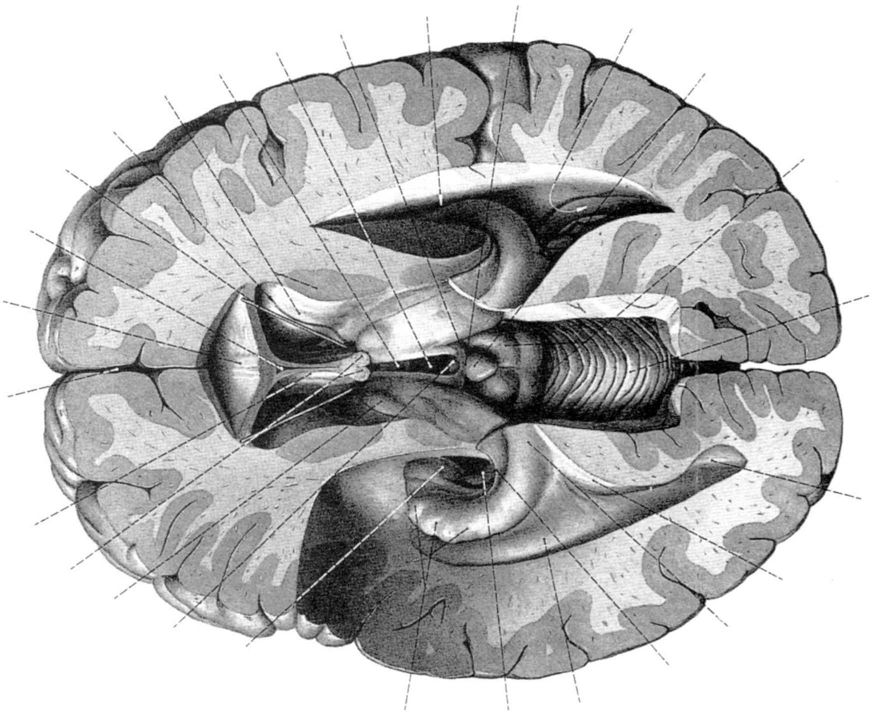

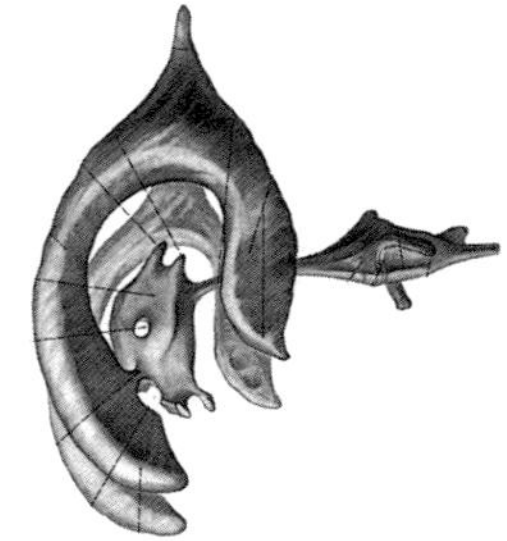

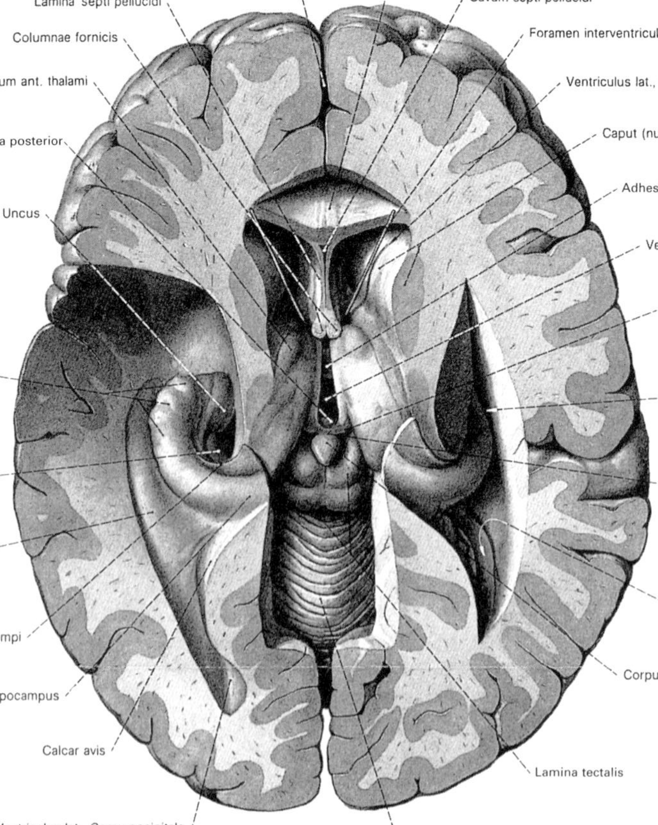

Horizontalschnitt durch beide Großhirnhemisphären.
Ansicht von oben. Seitenventrikel und III. Ventrikel eröffnet.

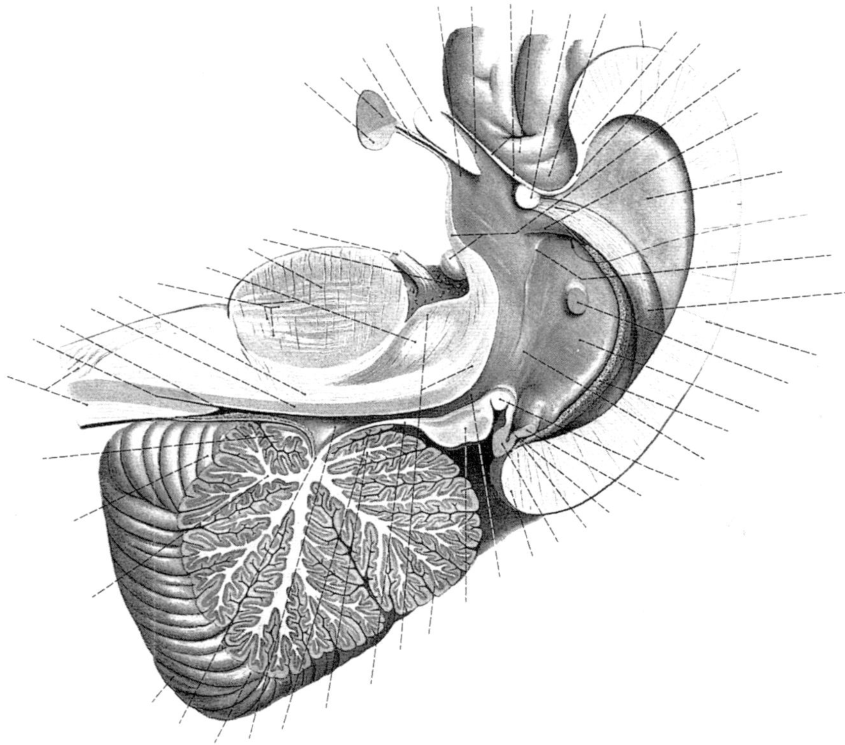

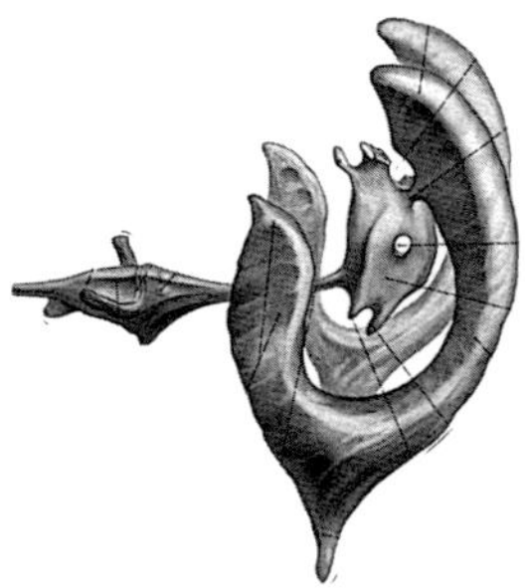

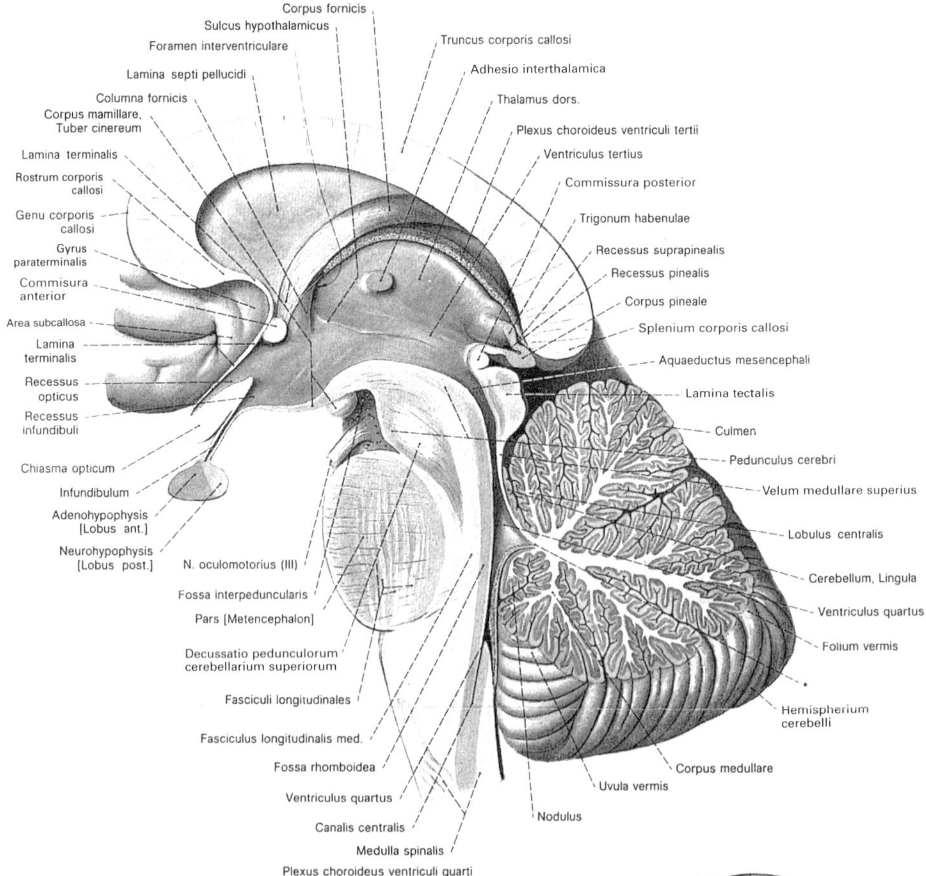

Mediansagittalschnitt durch den Hirnstamm (Truncus encephali) und das Kleinhirn (Zerebellum). Ansicht der Schnittfläche der rechten Hälfte.
* Fastigium

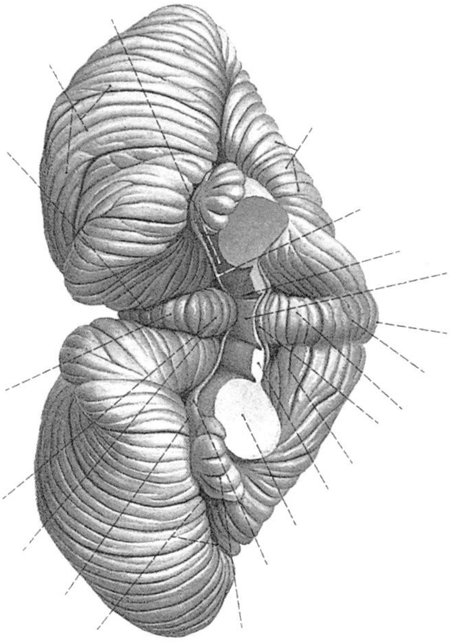

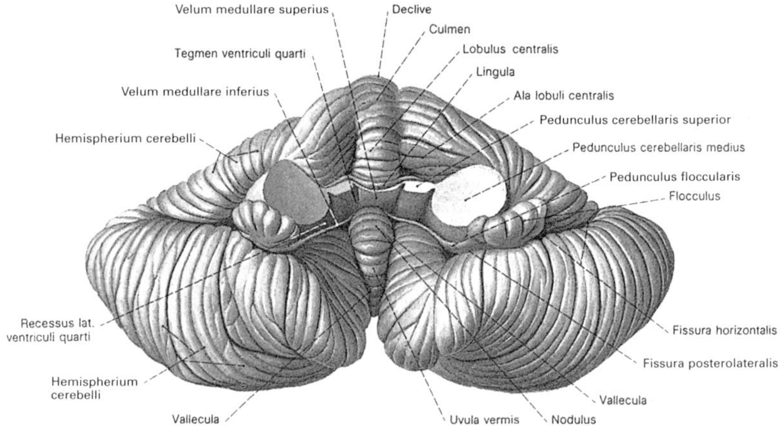

Kleinhirn (Zerebellum). Ansicht von vorne.

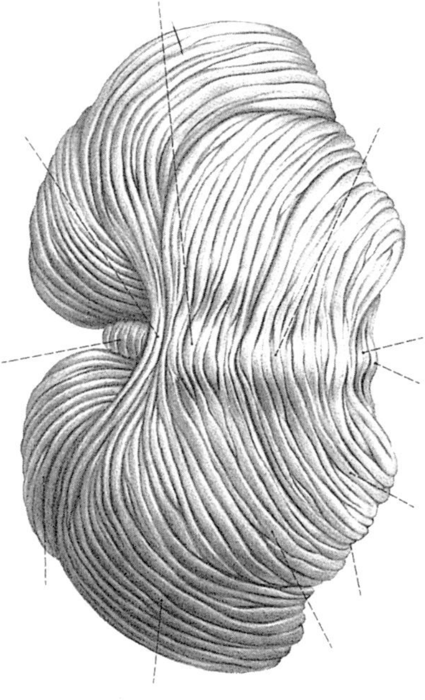

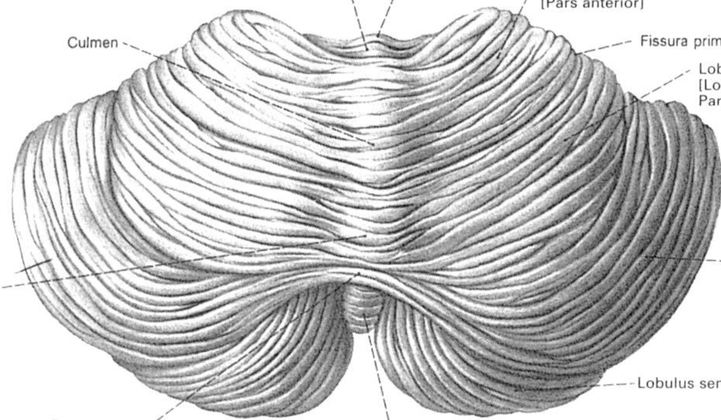

Kleinhirn (Zerebellum). Ansicht von oben und hinten.

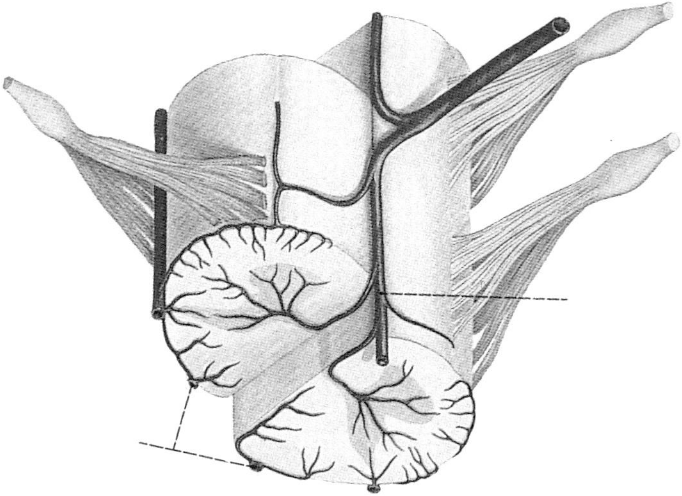

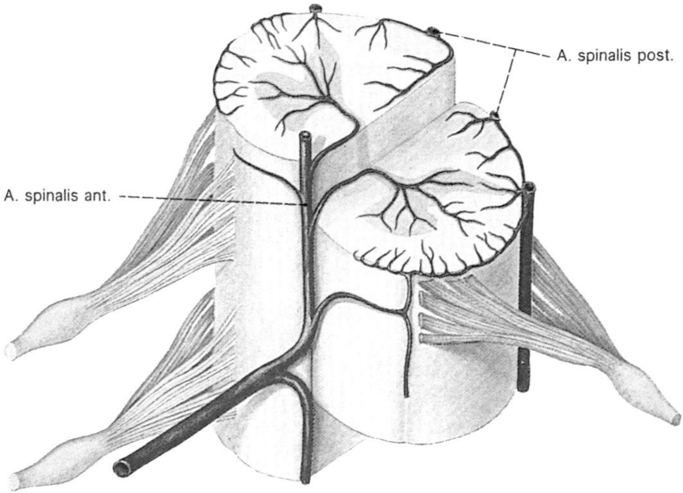

Arterienversorgung des Rückenmarks.

✔ A. subclavia → A. vertebralis
extrakranielle Äste
intrakranielle Äste
✎ A. spinalis posterior (paarig)
(unter Umständen auch aus der
A. inf. post. cerebellaris)
✎ A. spinalis anterior (unpaar)

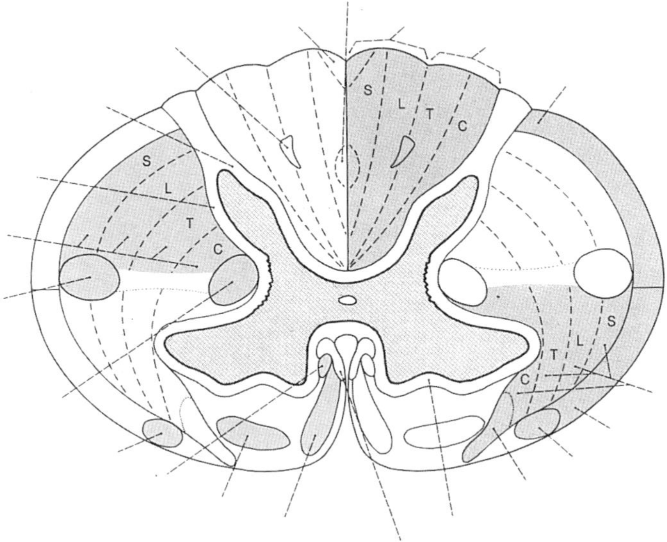
S
L
T
C
S
L
T
C
S
L
T
C

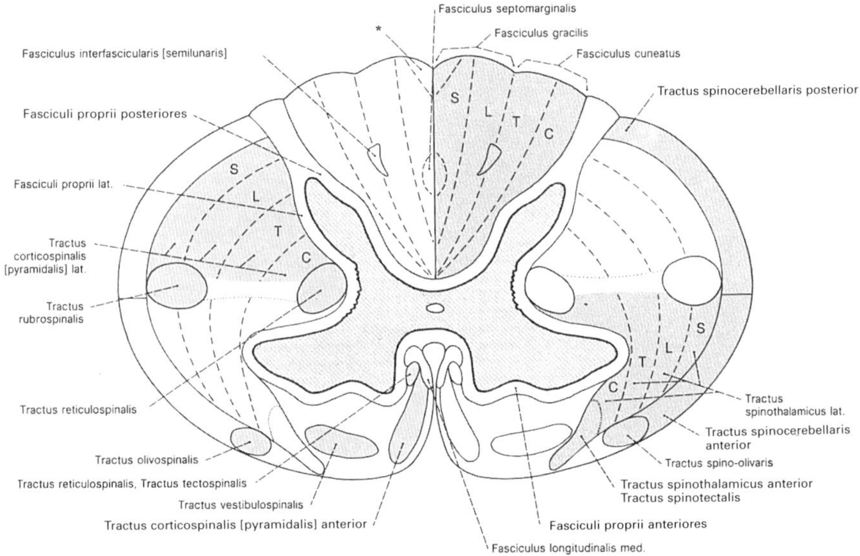

Lage der einzelnen Bahnen in der weißen Substanz des Rückenmarks (Medulla spinalis).
S = Sakral-, L = Lumbal-, T = Thorakal-, C = Zervicalsegmente
* Philippe-Gombaultsches Triangel

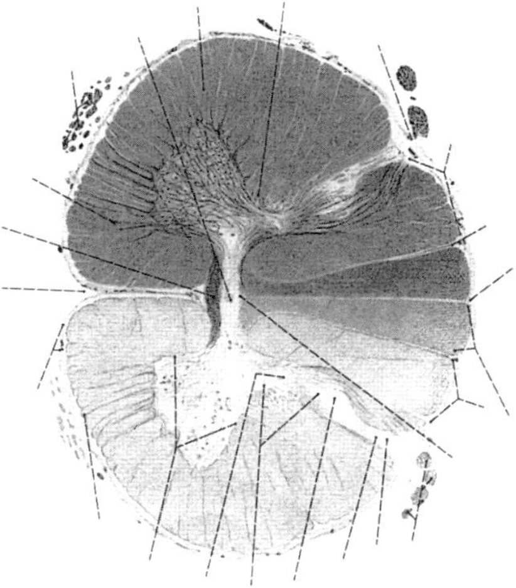

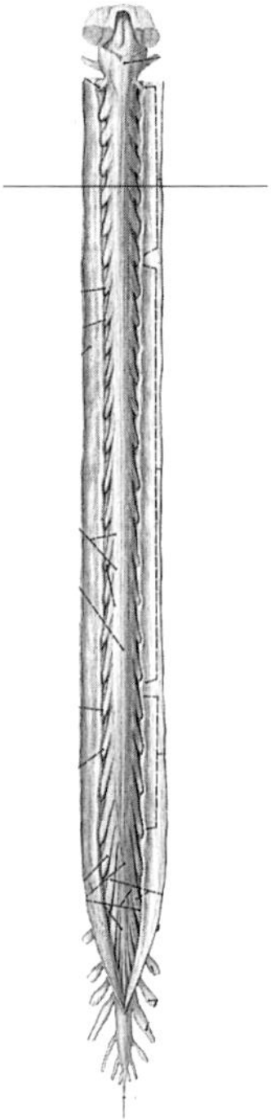

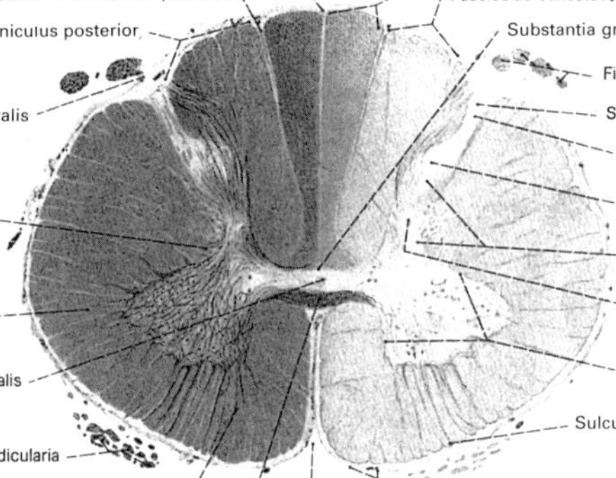

Querschnitt durch das Rückenmark (Medulla spinalis) in Höhe der Pars cervicalis. Versilberungstechnik.

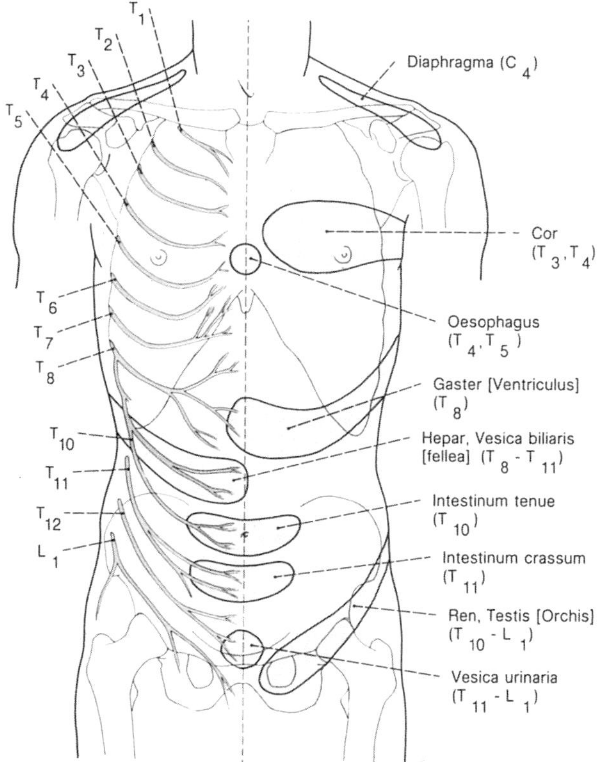

Rechte Körperseite: Interkostalnerven und deren Verlauf.
Linke Körperseite: Lage der HEADschen Zonen.

Eine **Headsche Zone** ist ein definiertes Hautareal, in dem eine über das zugehörige Rückenmarkssegment laufende Querverbindung zwischen dem somatischen und dem vegetativen Nervensystem zugeordneter innerer Organe besteht.
Eine Irritation des zugehörigen inneren Organs kann über einen viszero-kutanen Reflex eine meist gleichseitige Schmerz(= Hyperalgesie)zone der Haut zur Folge haben *(„übertragener Schmerz“)*.
Die Umkehr des Reflexgeschehens ist zur Beeinflussung innerer Organe nutzbar (kutiviszeraler Reflex → Reflextherapie).

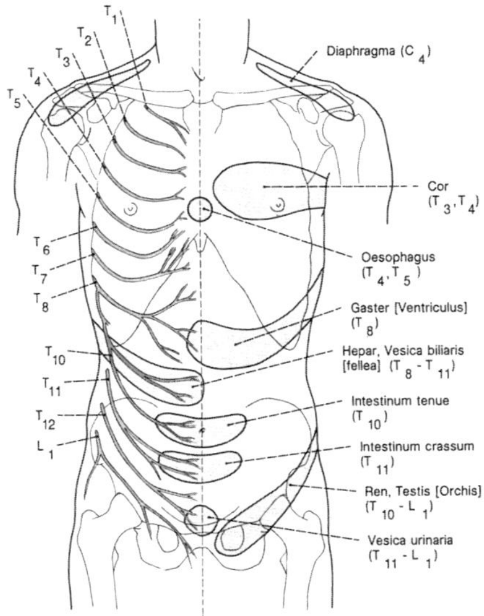

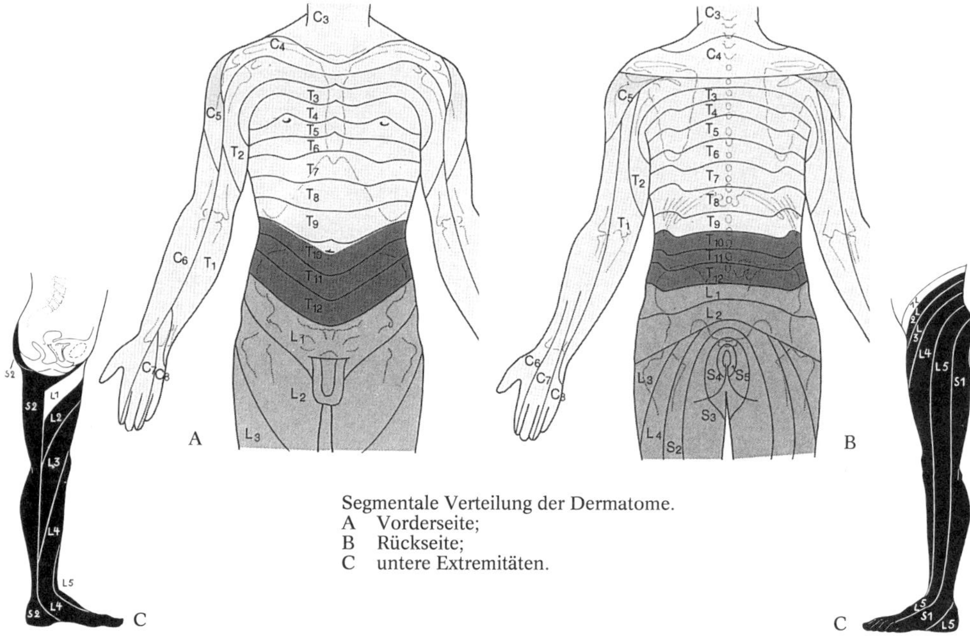

Segmentale Verteilung der Dermatome.
A Vorderseite;
B Rückseite;
C untere Extremitäten.

Eine **HEADsche Zone** ist ein definiertes Hautareal, in dem eine über das zugehörige Rückenmarkssegment laufende Querverbindung zwischen dem somatischen und dem vegetativen Nervensystem zugeordneter innerer Organe besteht.
Eine Irritation des zugehörigen inneren Organs kann über einen viszerokutanen Reflex eine meist gleichseitige Schmerz(= Hyperalgesie)zone der Haut zur Folge haben *(„übertragener Schmerz“)*.
Die Umkehr des Reflexgeschehens ist zur Beeinflussung innerer Organe nutzbar (kutiviszeraler Reflex → Reflextherapie).

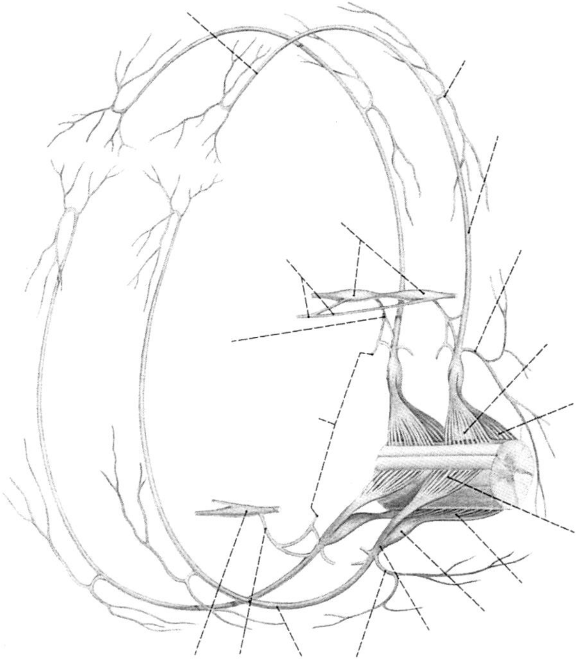

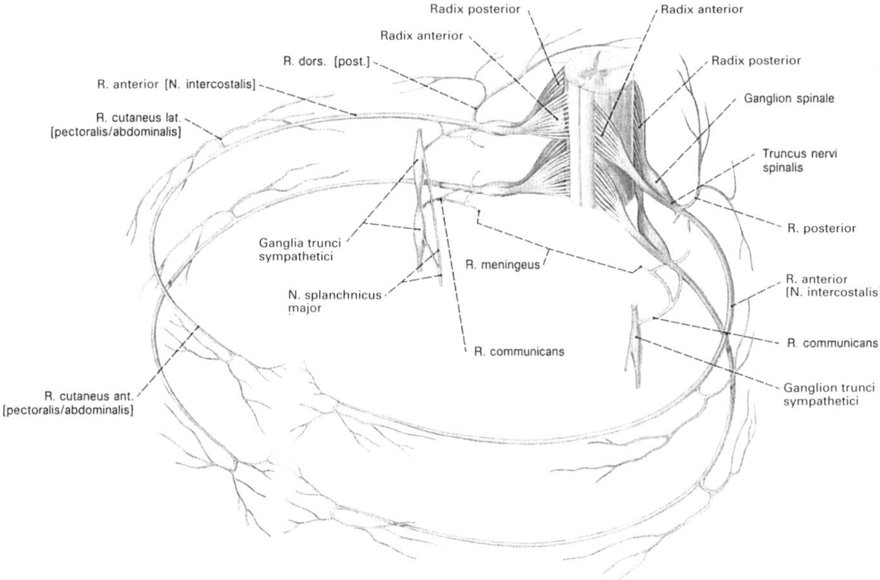

Zwei thorakale Rückenmarkssegmente mit entsprechenden Spinalnerven.

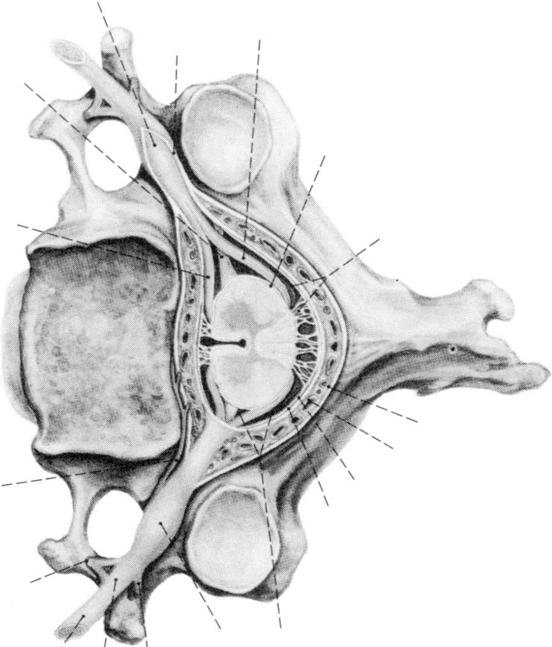

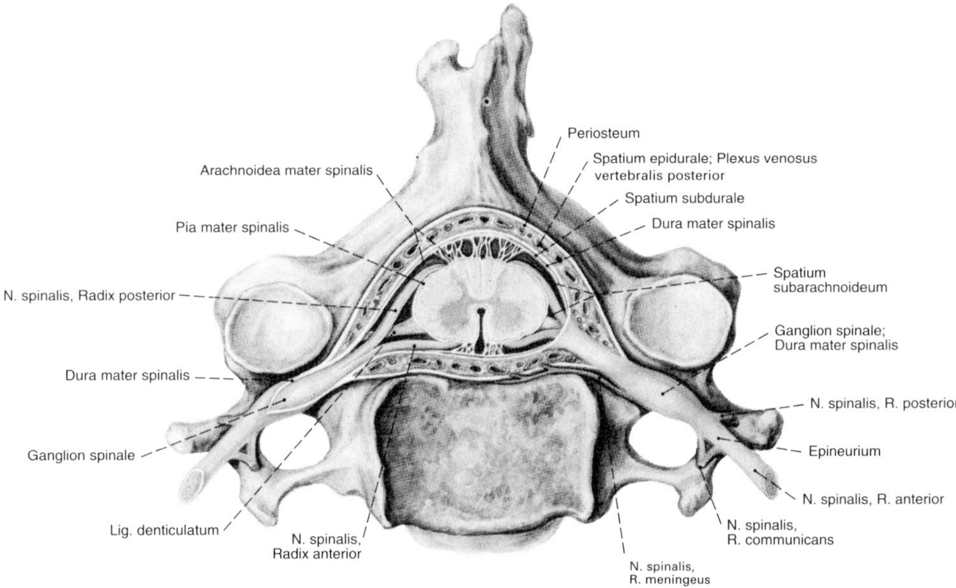

14 Querschnitt des Rückenmarks im Wirbelkanal (Halswirbelsäule).

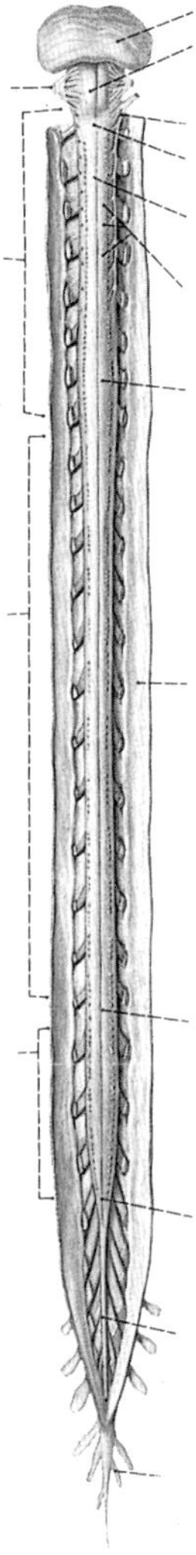

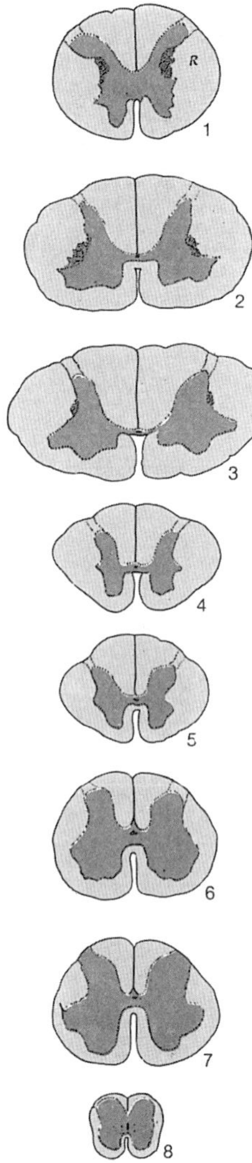
R
1
2
3
4
5
6
7
8

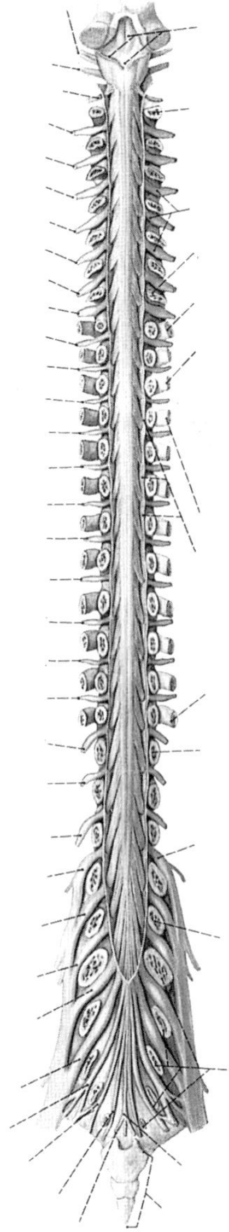

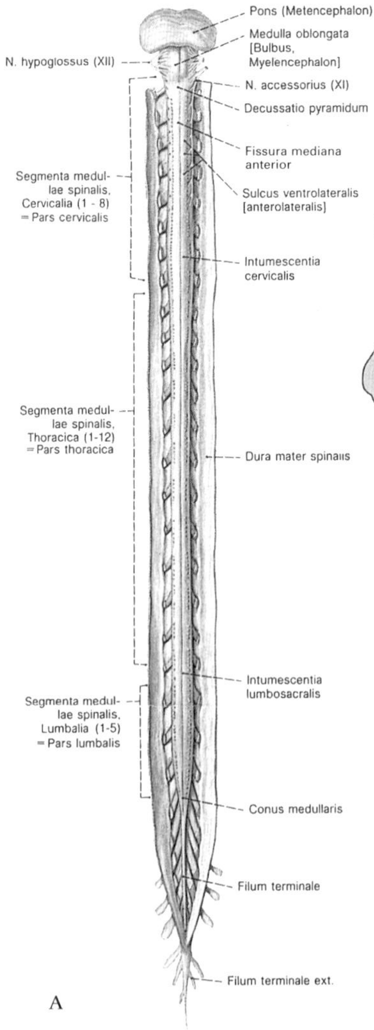

A

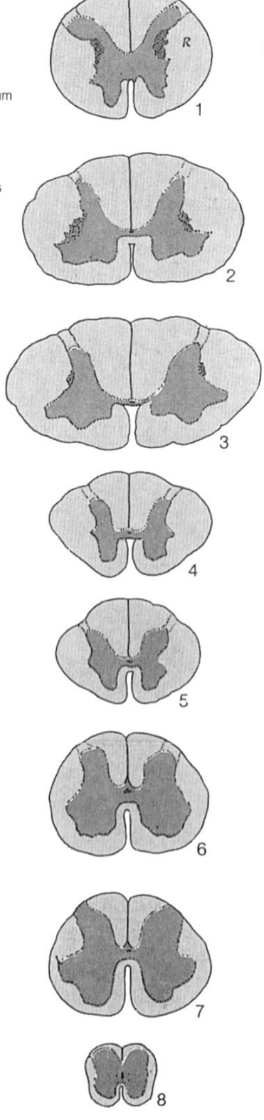

C

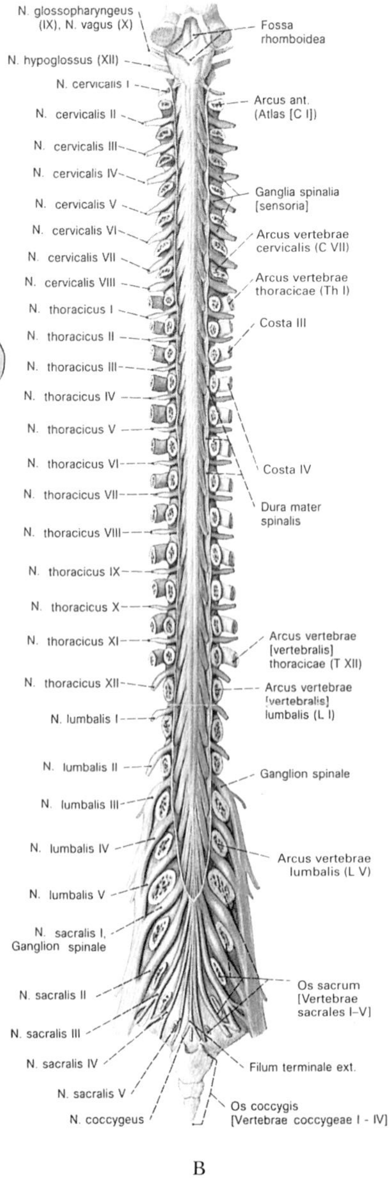

B

Rückenmark (Medulla spinalis).
A Ansicht von ventral;
B Ansicht von dorsal;
C Rückenmarksquerschnitte.

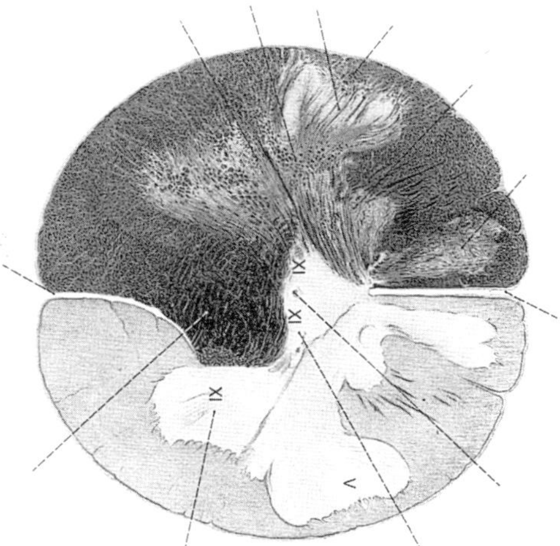

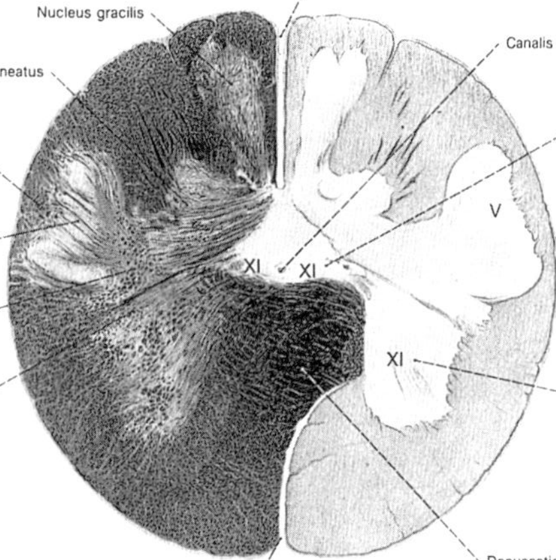

Querschnitt durch die Medulla oblongata in Höhe des oberen Teils der Pyramidenbahnkreuzung (Decussatio pyramidum).
WEIGERTsche Markscheidenfärbung: Zellen hell, Fasern dunkel gefärbt.
Die römischen Ziffern beziehen sich auf die Kerne der entsprechenden Hirnnerven.

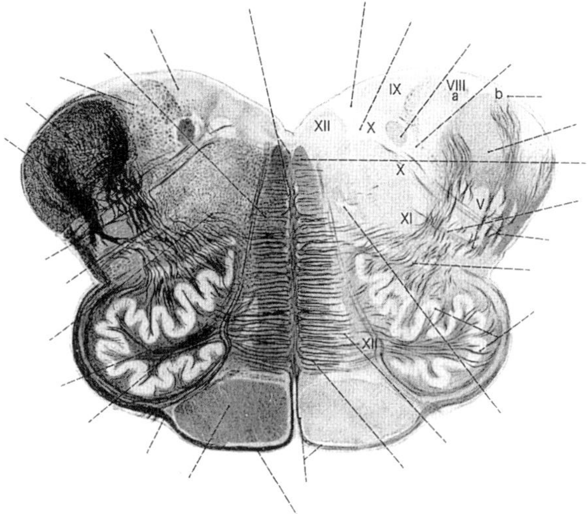

XII
X
IX
VIII
a
b
X
V
XI
XII

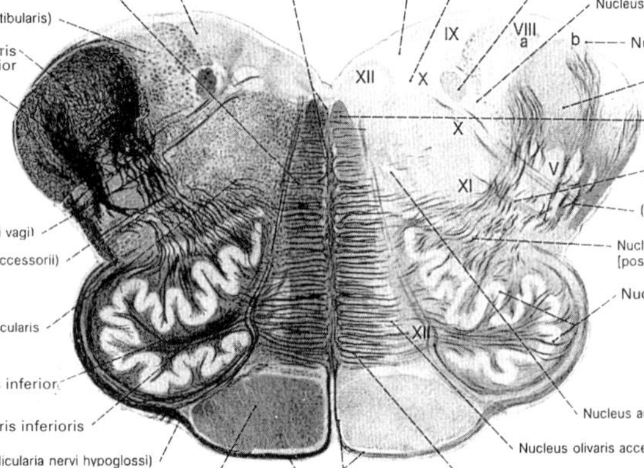

Querschnitt durch die Medulla oblongata in Höhe des kaudalen Abschnitts der Rautengrube.
WEIGERTsche Markscheidenfärbung: Zellen hell, Fasern dunkel gefärbt.
Die römischen Ziffern beziehen sich auf die Kerne der entsprechenden Hirnnerven.

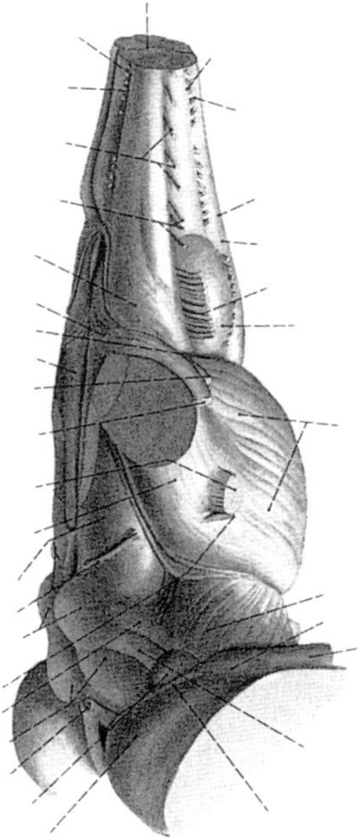

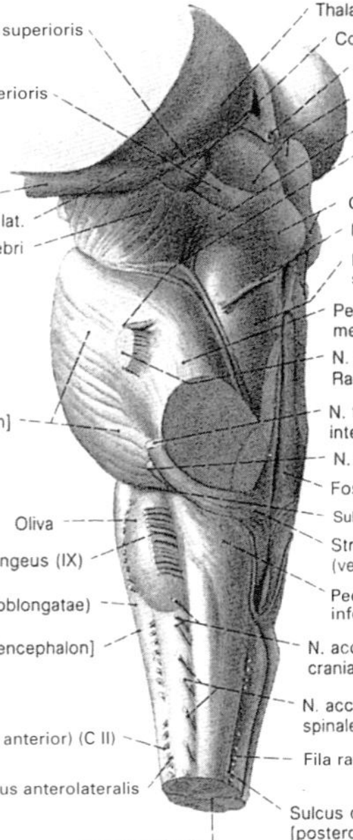

Hirnstamm (Truncus encephali). Ansicht von links und leicht dorsal.

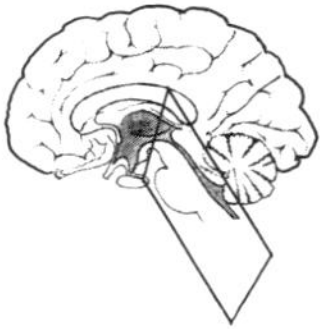

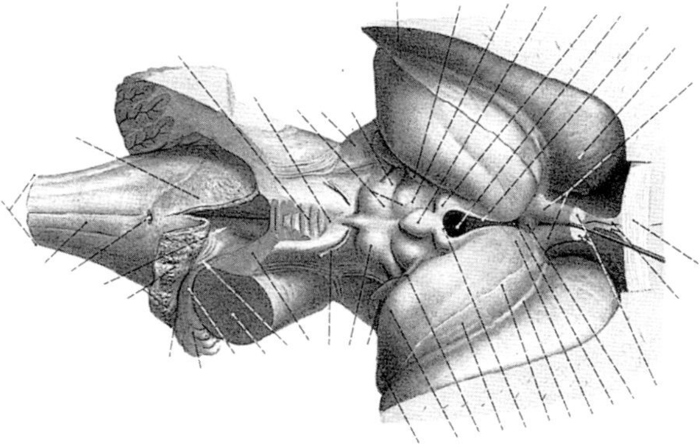

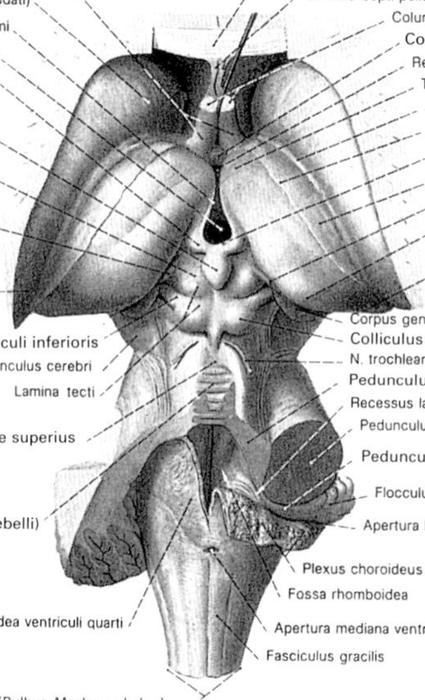

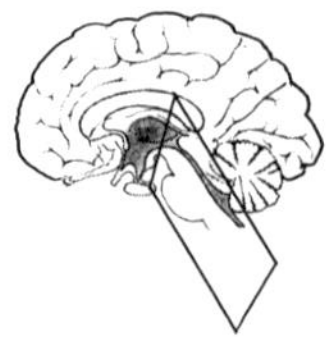

Hirnstamm in der Ansicht von dorsal und oben. Kleinhirn weitgehend entfernt.

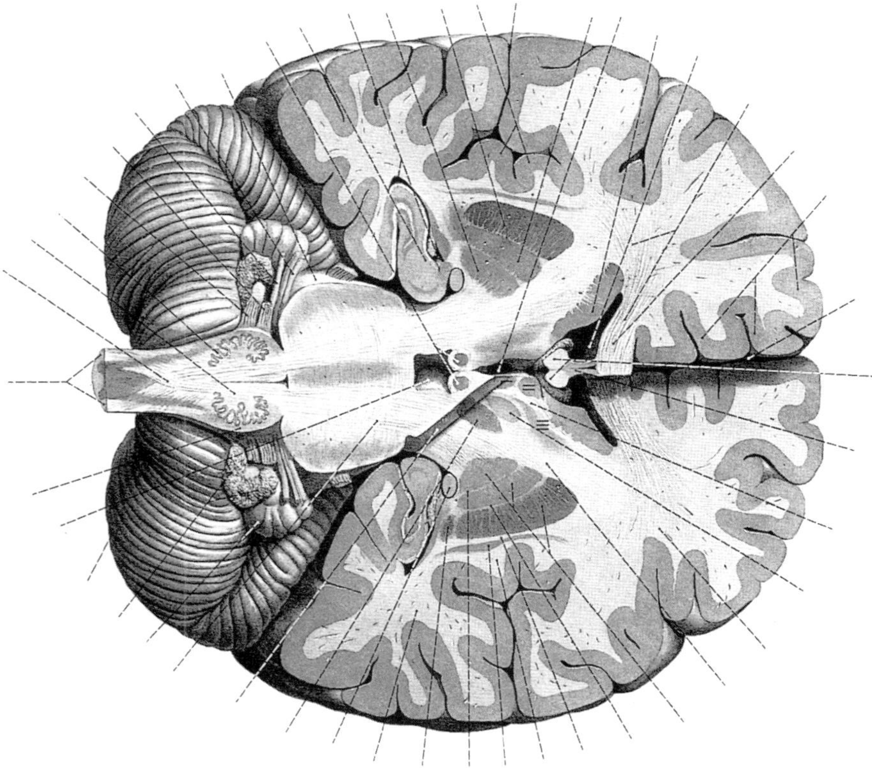

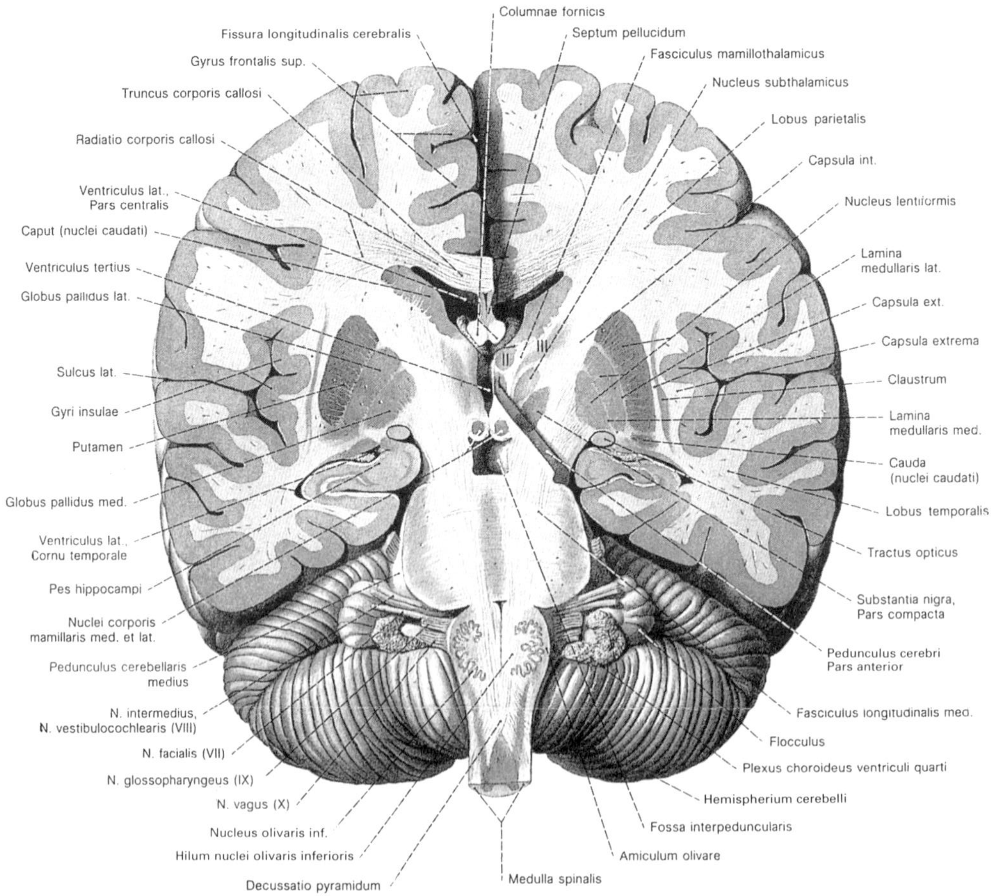

Schnitt durch das Gehirn in Richtung der Crura cerebri.
Ansicht von vorn (links liegt der Schnitt etwas tiefer als rechts).
I–III Thalamuskerne;
I = Nuclei mediani
II = Nuclei anteriores
III = Nuclei ventrales

Assoziationsbahnen:
- kurze Assoziationsfasern = Fibrae arcuatae cerebri
- lange Assoziationsbahnen = z. B. Gyrus cinguli

! *Assoziationsbahnen verbinden Zentren derselben Hemisphäre und derselben Ebene.*

Kommissurenbahnen:
- Commissura anterior
- Corpus callosum (verbindet Großhirnhemisphären)

! *Kommissurenbahnen verbinden Zentren unterschiedlicher Hemisphäre und derselben Ebene.*

Projektionsbahnen:
- Pyramidenbahn
- Sehbahn
- Hörbahn
- Fornixbahn

! *Projektionsbahnen verbinden Zentren unterschiedlicher Hemisphäre und unterschiedlicher Ebene.*

Übersicht über die Faserqualitäten.

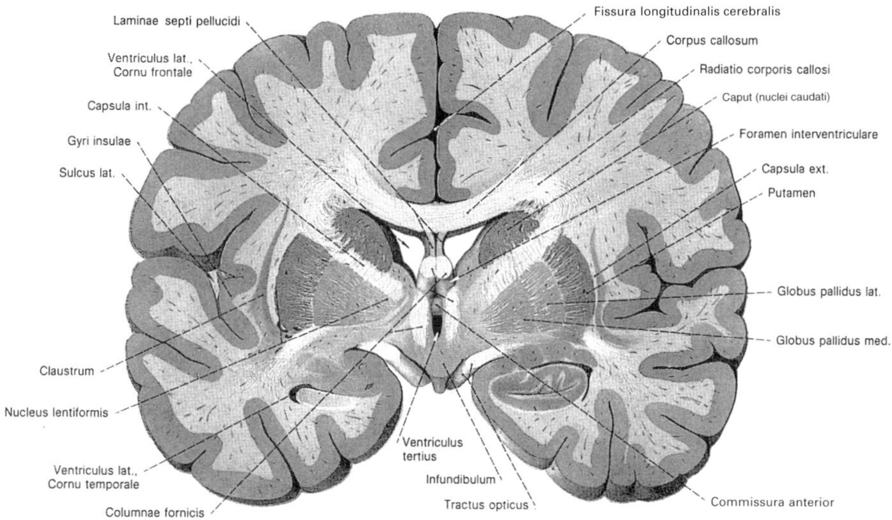

Kommissurenbahnen.

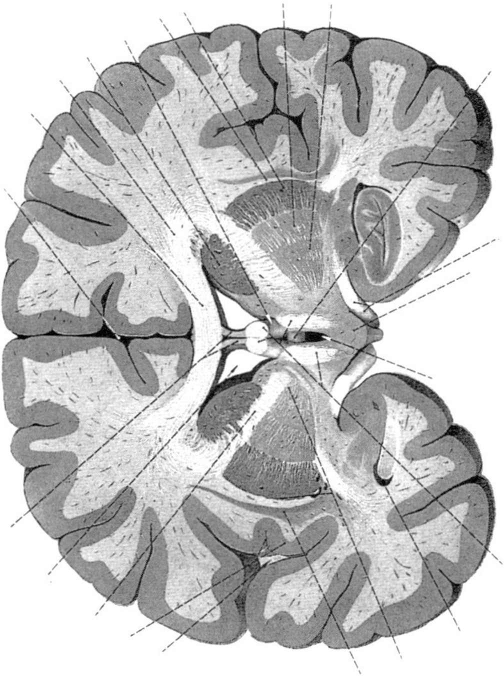

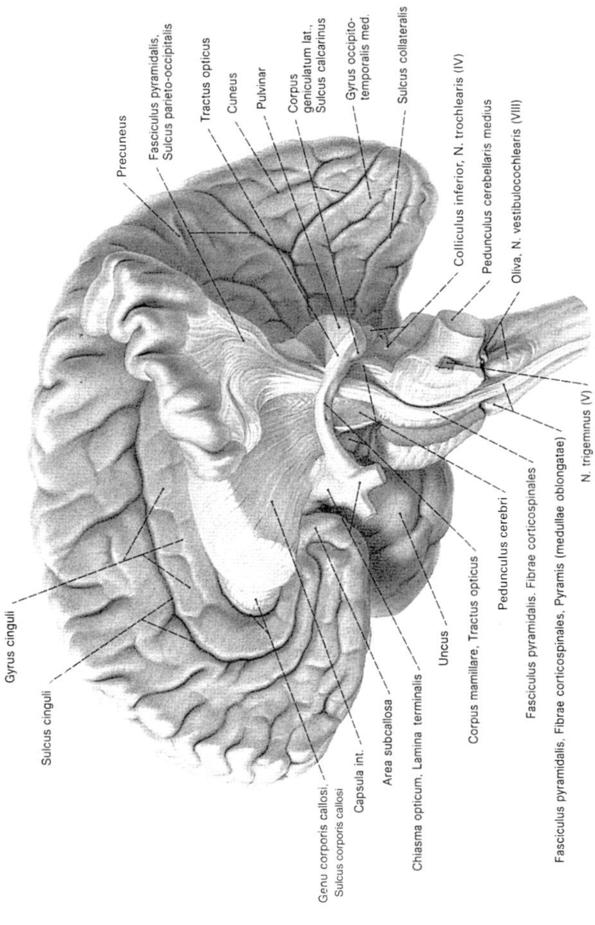

Projektionsbahnen. Pyramidenbahn.

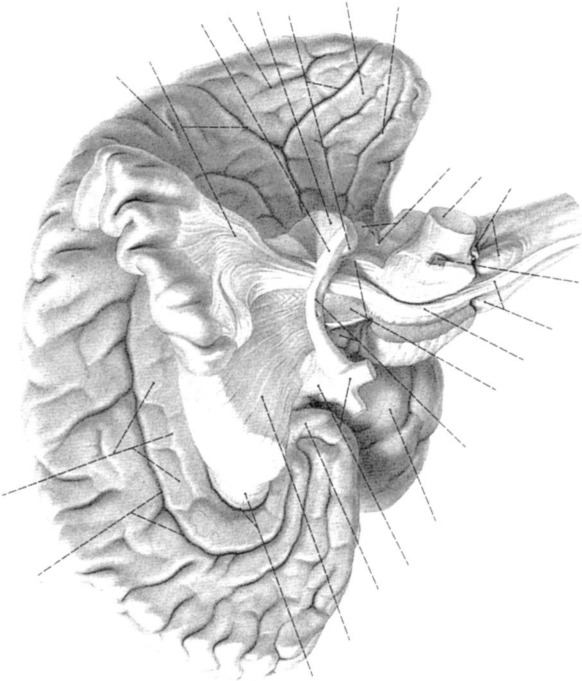

Gliederung der Capsula interna

Crus anterius der Capsula interna
- Radiationes thalamicae anteriores
- Tractus frontopontinus

Genu der Capsula interna
- Tractus corticonuclearis

Crus posterius der Capsula interna
- *Pars thalamolentiformis*
  - Fibrae corticospinales
  - Fibrae corticorubrales
  - Fibrae corticoreticulares
  - Fibrae corticothalamicae
  - Fibrae thalamoparietales
  - Radiationes thalamicae centrales
- *Pars sublentiformis*
  - Radiatio optica
  - Radiatio acustica
  - Fibrae corticotectales
  - Fibrae temporopontinae
- *Pars retrolentiformis*
  - Radiationes thalamicae posteriores
  - Fasciculus parieto-occipitopontinus

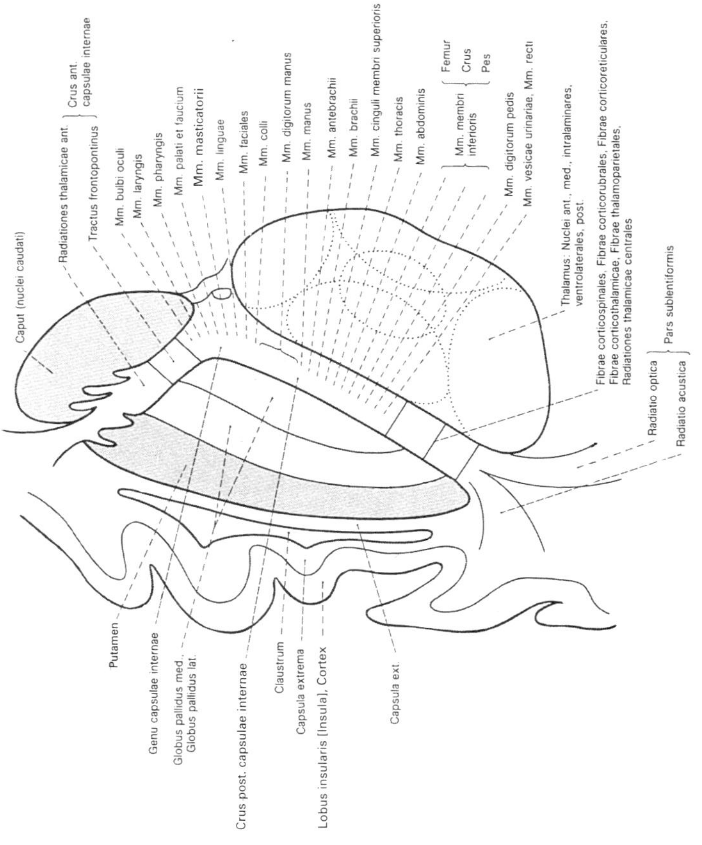

Topographie der Pyramidenbahn in der Capsula interna.

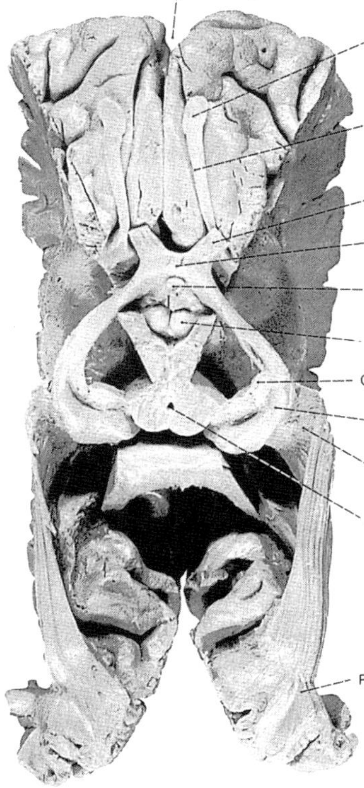

Projektionsbahnen. Sehbahn.
* temporales Knie der Radiatio optica
** okzipitales Knie der Radiatio optica

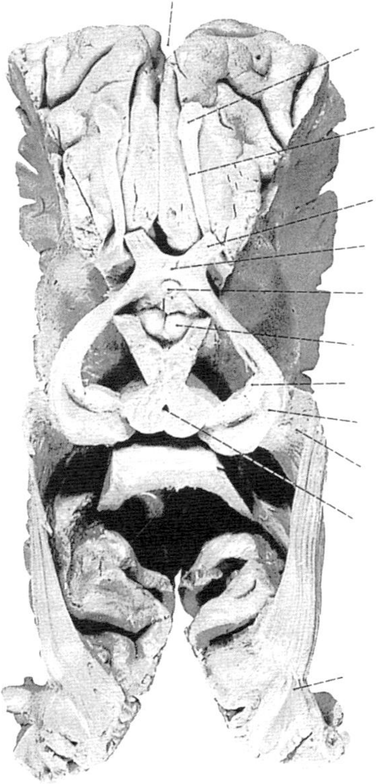

1 Zerstörung der rechten Hälfte des Chiasma opticum;
2 Zerstörung der Ränder des Chiasma opticum;
3 Zerstörung der Mitte des Chiasma opticum;
4 Zerstörung des rechten Tractus opticus.

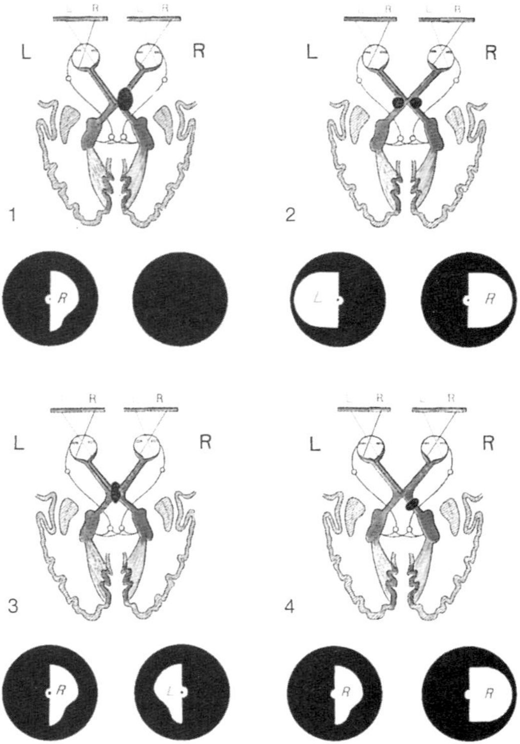

Gesichtsfeldausfälle bei Störungen der Sehbahn.

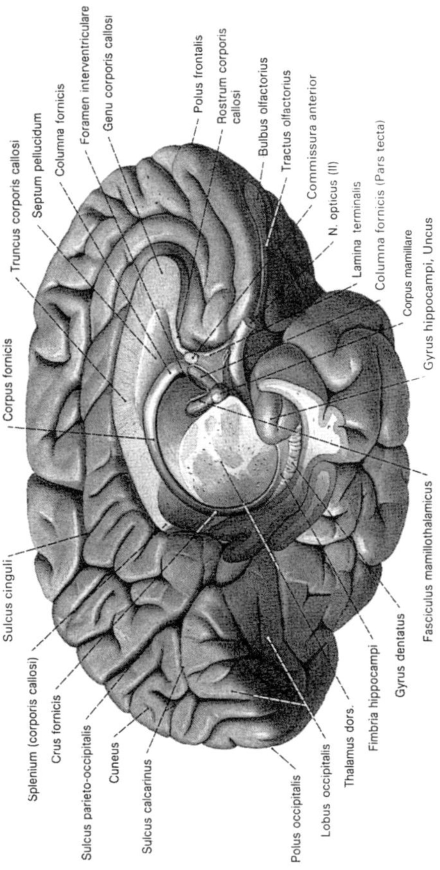

Projektionsbahnen. Fornixbahn.

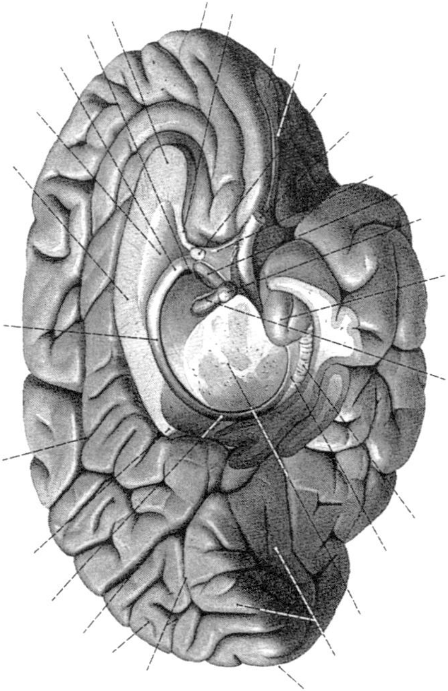

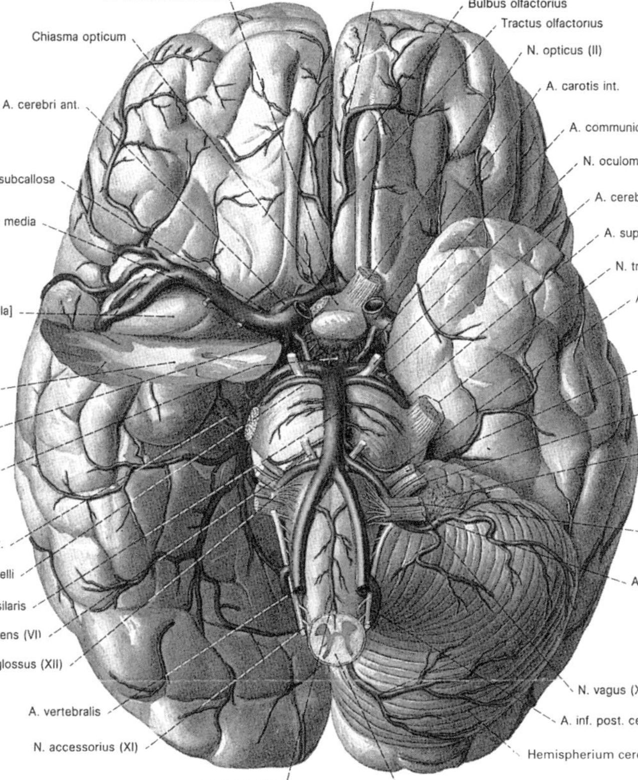

Arterien der Hirnbasis.

✔ A. subclavia → A. vertebralis ⩾ A. basilaris

→ A. vertebralis

✔ Aortenbogen → A. carotis communis
A. carotis externa
A. carotis interna

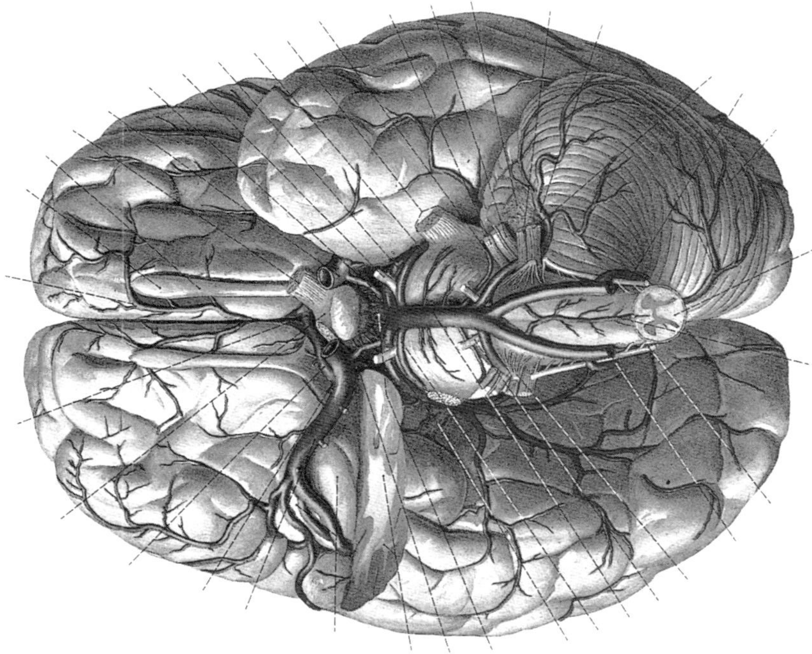

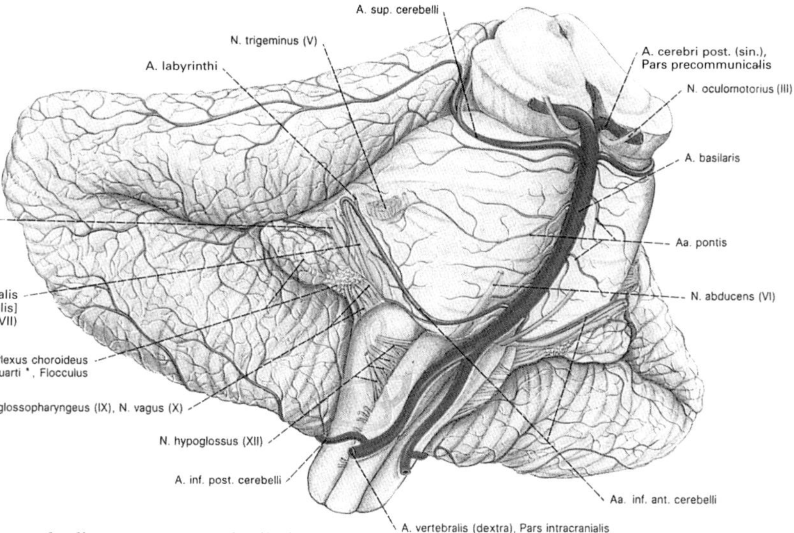

Äste der A. basilaris.

✔ A. subclavia → A. vertebralis ⪢ A. basilaris
(→ A. inf. post. cerebelli)
→ Aa. pontis
→ A. labyrinthi
→ A. inf. ant. cerebelli
→ A. sup. cerebelli
→ A. cerebri post.

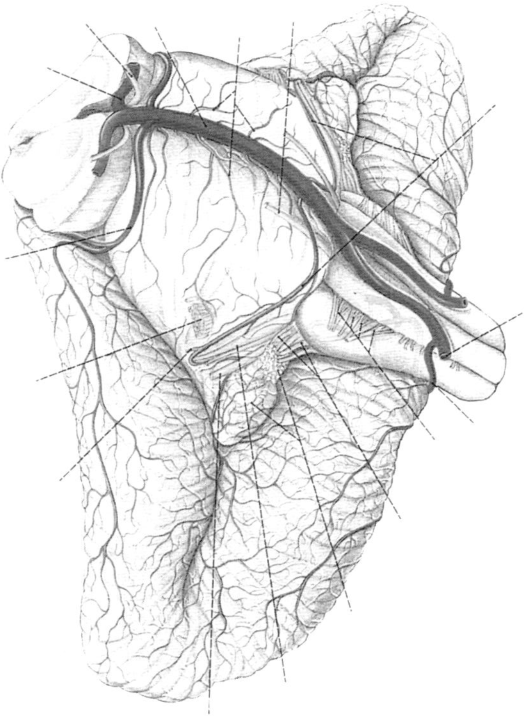

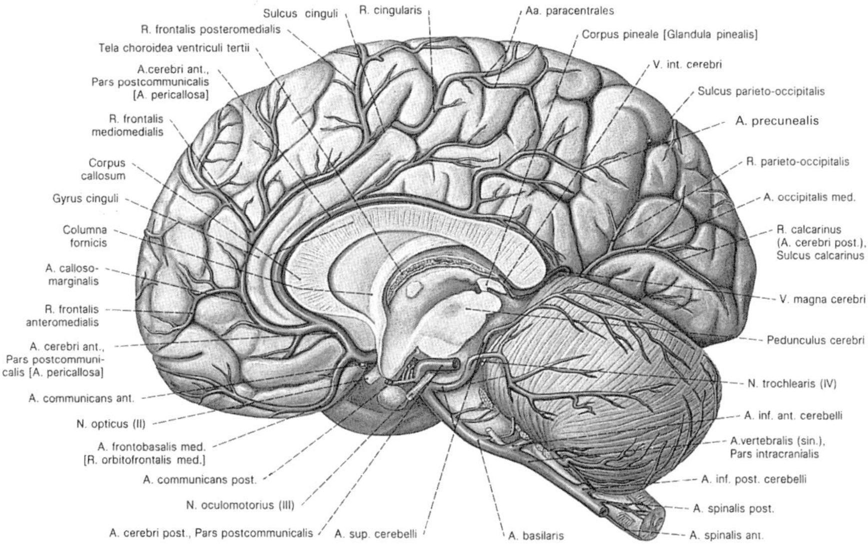

Verlauf der A. cerebri anterior.

✔ Aortenbogen ➔ A. carotis communis
(➔ A. carotis externa)
➔ A. carotis interna
➔ *A. cerebri media*
➔ *A. cerebri anterior*

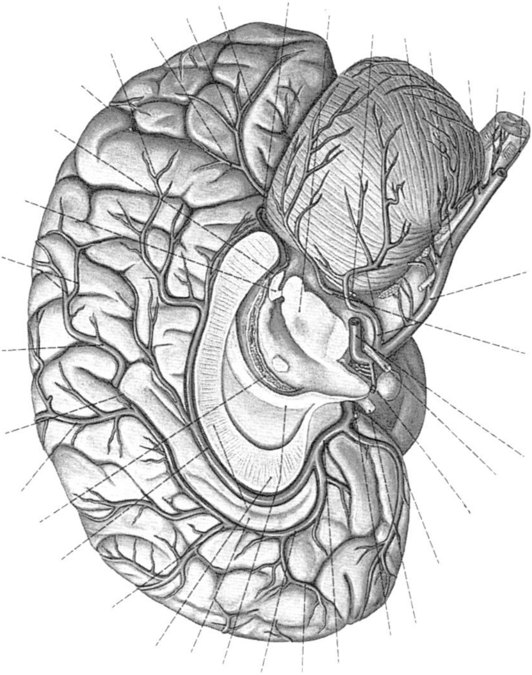

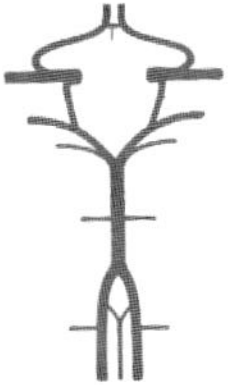

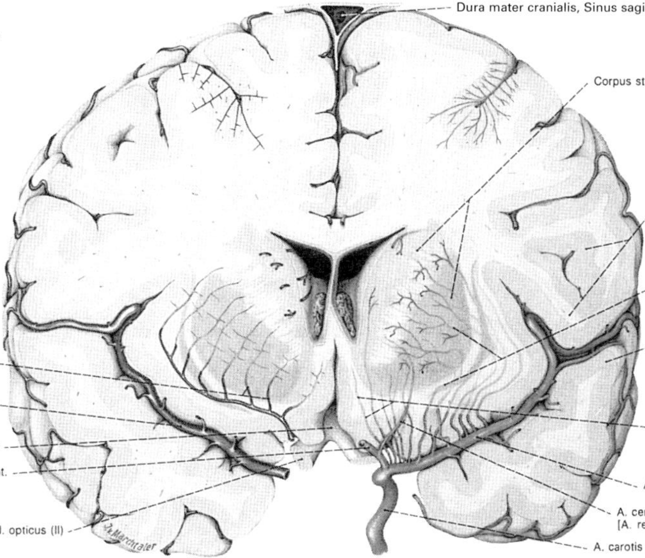

Verlauf der A. cerebri media.

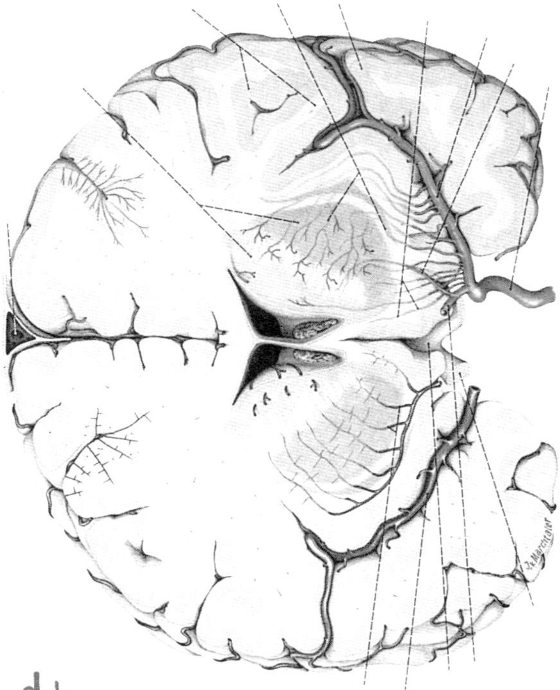

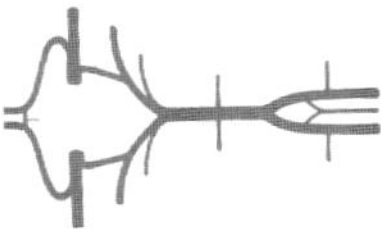

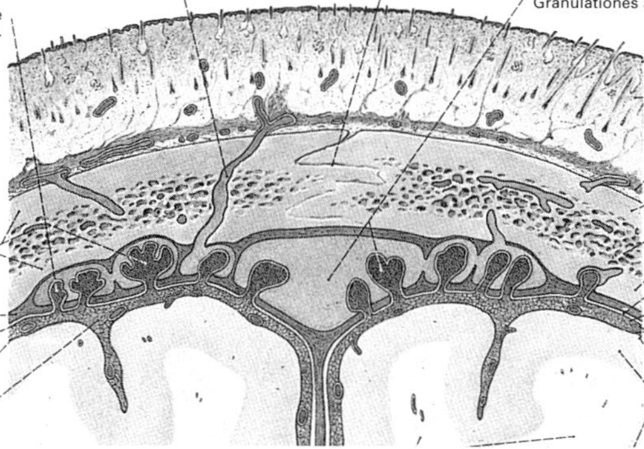

Frontalschnitt durch das Schädeldach. Sinus sagittalis superior.

✔ Sinus sagittalis superior

✔ Sinus sagittalis inf. → Sinus rectus

> Confluens sinuum < V. cerebri magna

→ Sinus transversus
→ Sinus sigmoideus
→ Bulbus venae jugularis
→ V. jugularis

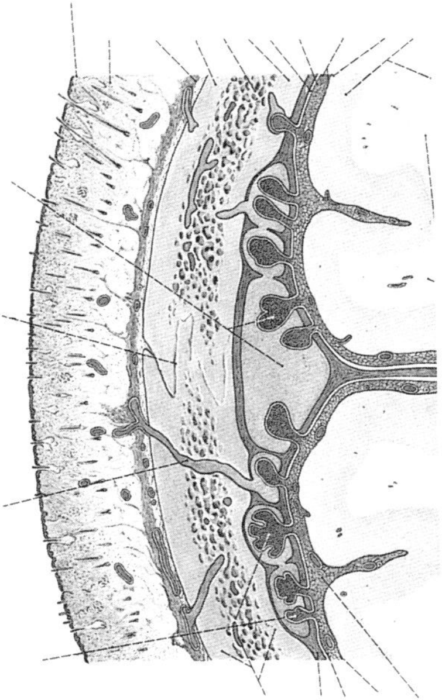

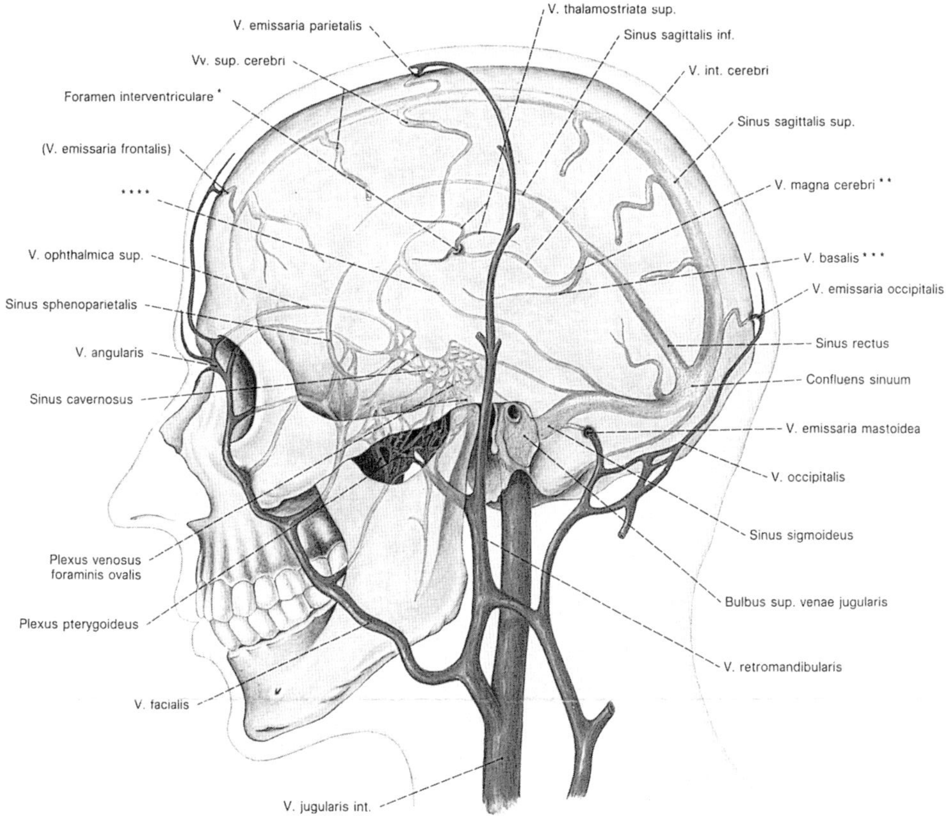

Venenstämme des Kopfes und der Sinus durae matris.
* Foramen Monroi, *** Rosenthalsche Vene
** Galensche Vene, **** Labbésche Anastomose

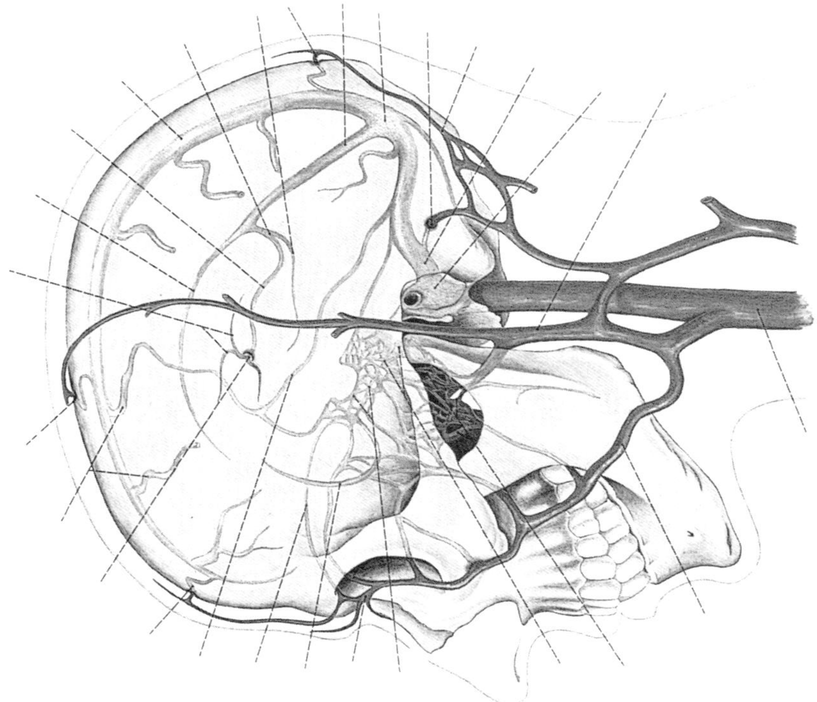

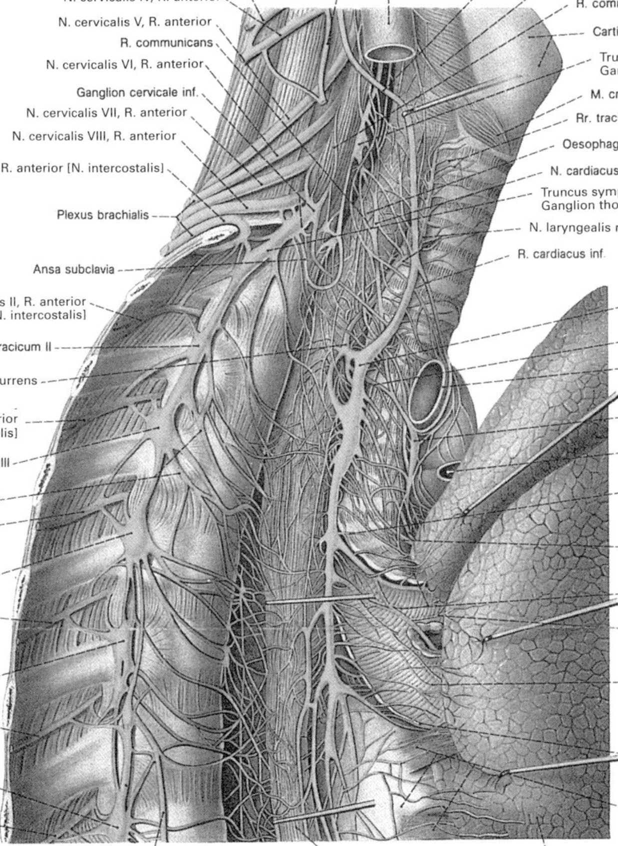

Truncus sympatheticus. Halsteil.

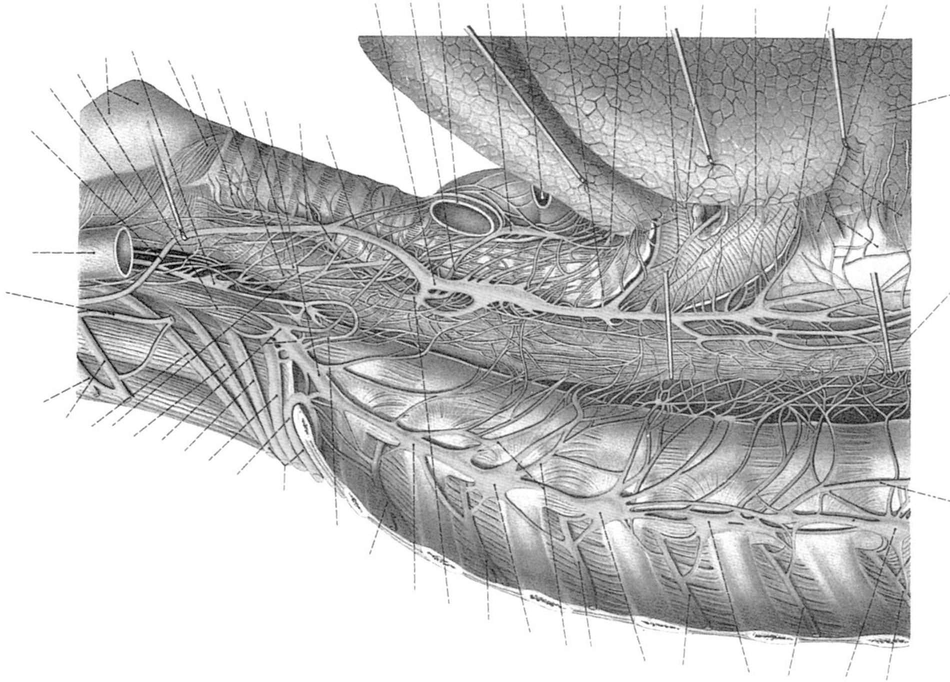

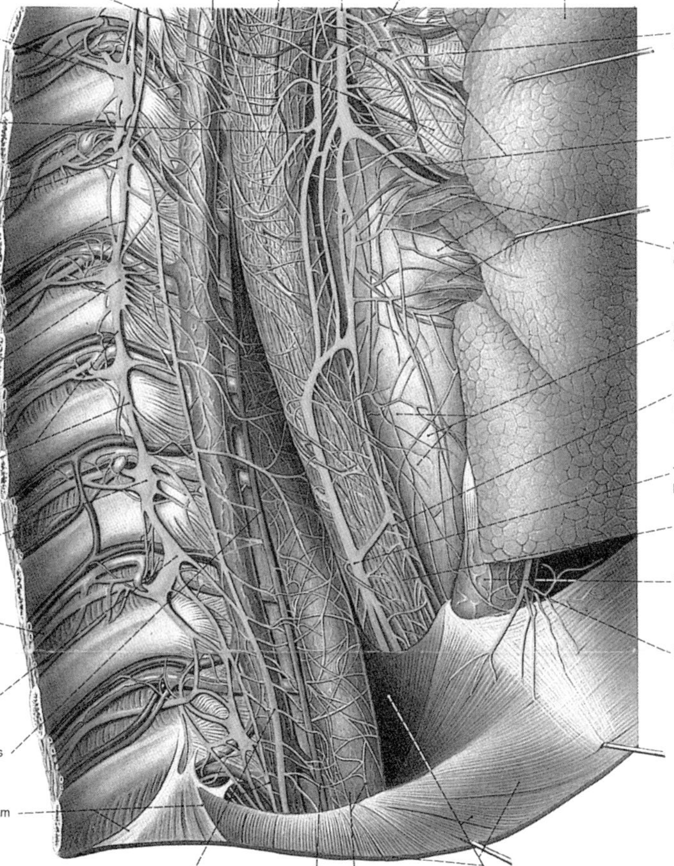

Truncus sympatheticus. Brust- und Lendenabschnitt.

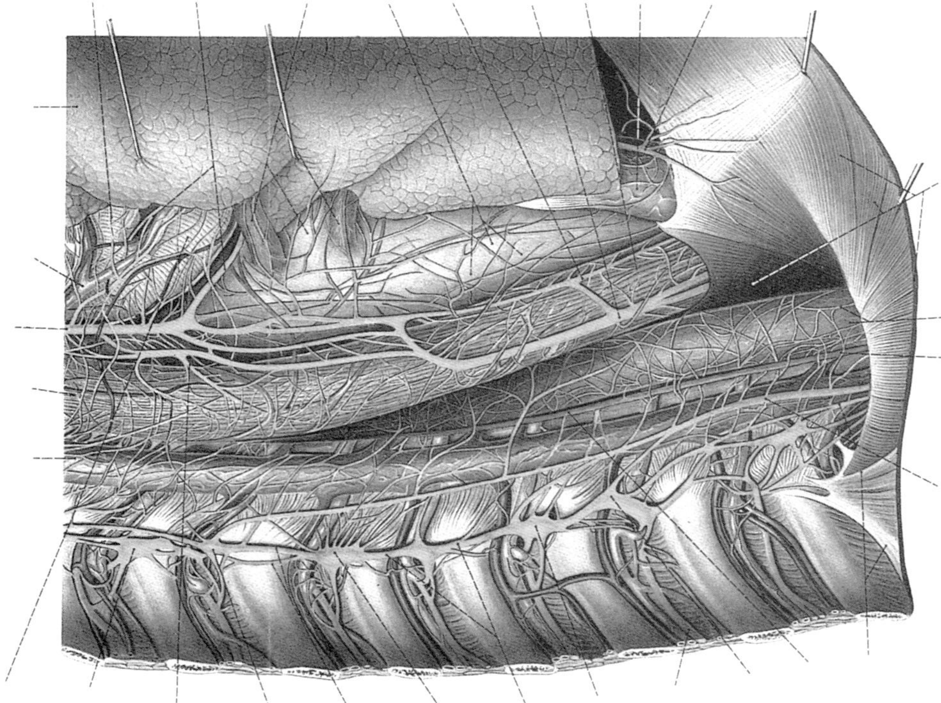

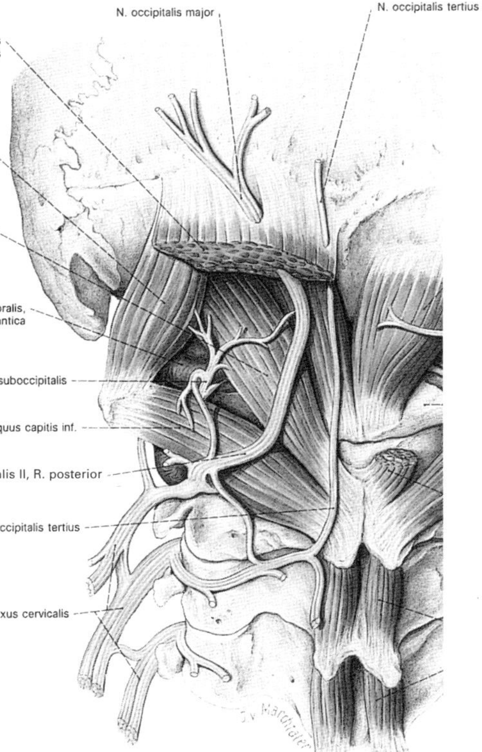

Nerven und Gefäße der tiefen Nackenregion.

N. suboccipitalis = **dorsaler Ast** des N. cervicalis I
N. occipitalis major = **dorsaler Ast** des N. cervicalis II
N. occipitalis tertius = **dorsaler Ast** des N. cervicalis III
N. occipitalis minor = **Hautast** des Plexus cervicalis ($C_{2,3}$)

✔ A. subclavia ➔ A. vertebralis

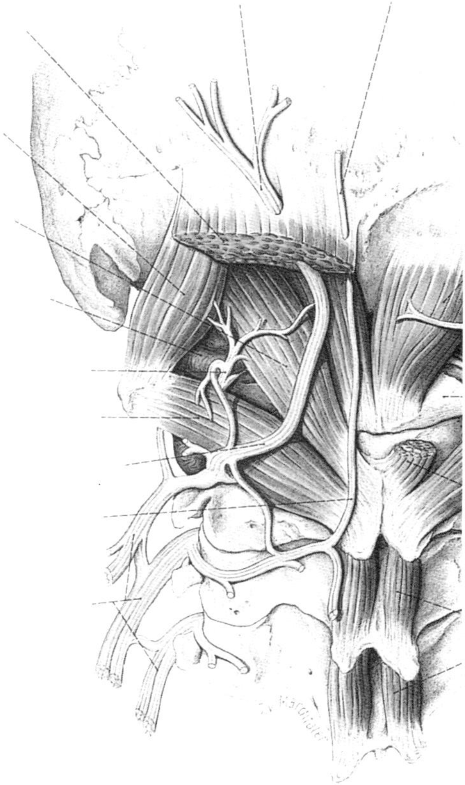

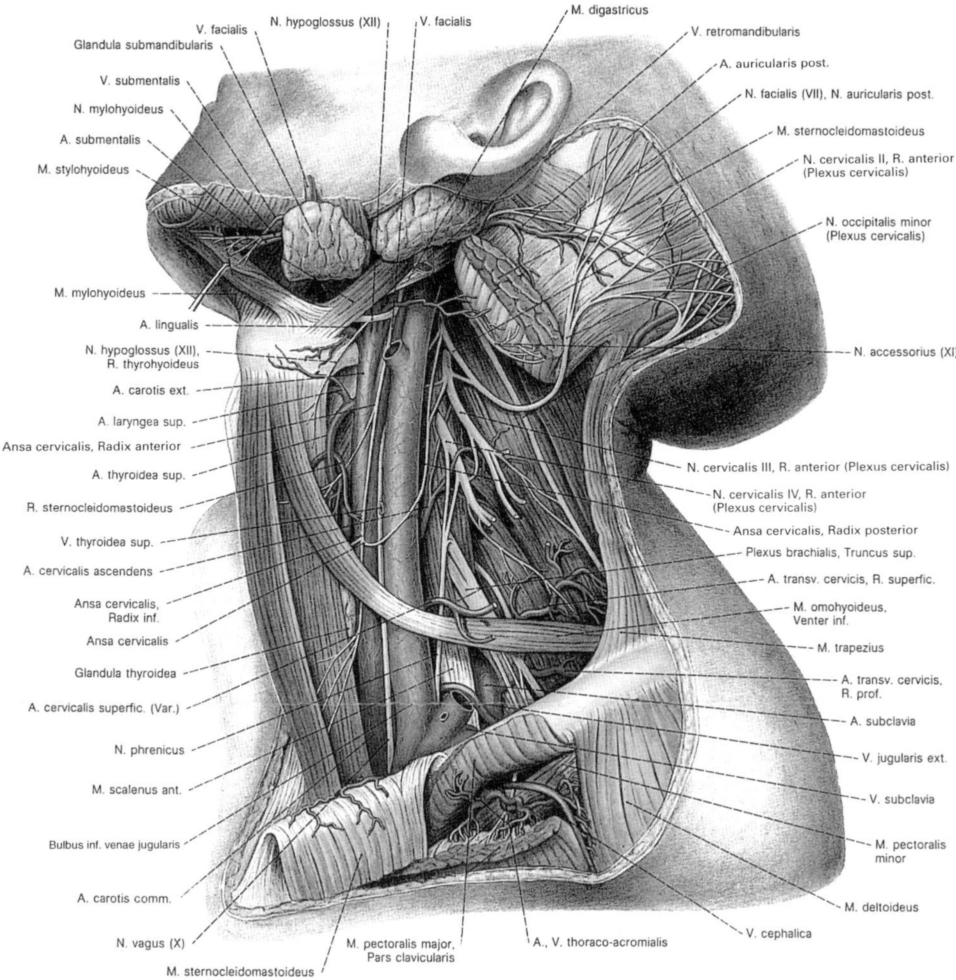

Tiefe seitliche Halsregion. Ansicht von links.
Plexus cervicalis, Plexus brachialis.

✎ _Topographischer Hinweis:_
Vor dem M. scalenus ant. zieht die *V. subclavia.*
Zwischen den Mm. scalenus ant. und scalenus medius (= Skalenuslücke) finden sich *A. subclavia* und die Stämme des *Plexus brachialis.*

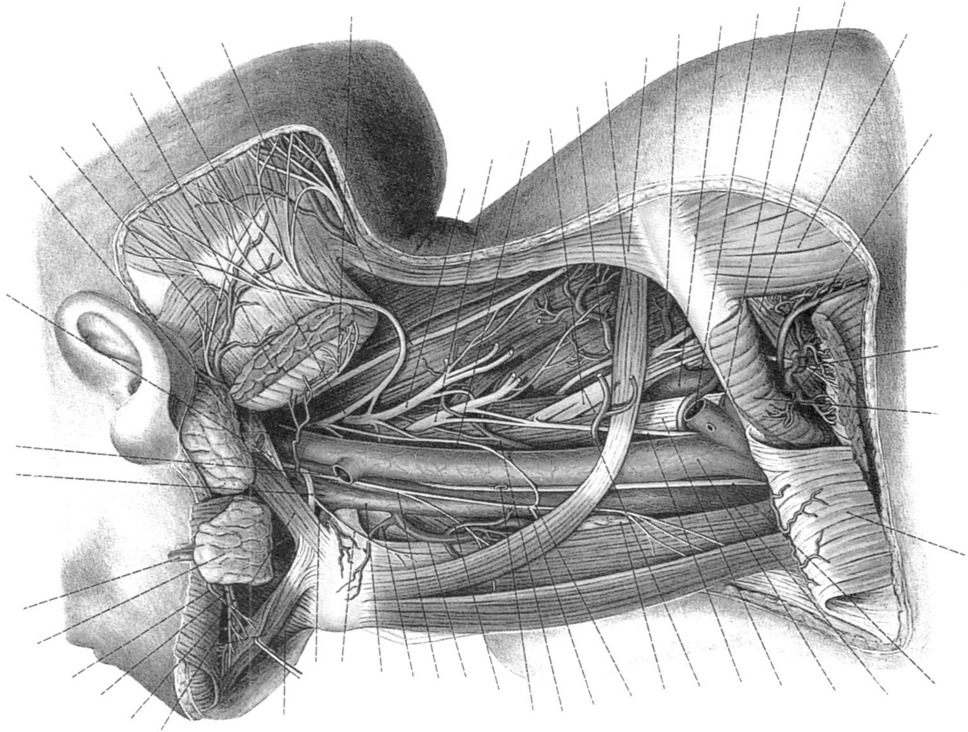

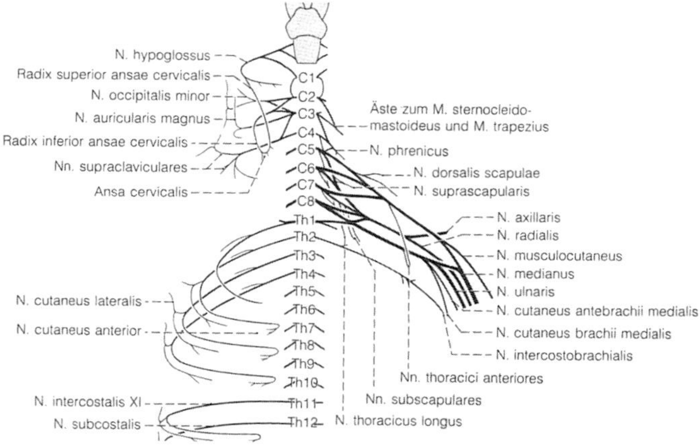

Plexus brachialis und seine Lagebeziehungen.

Gliederung des Plexus brachialis:

Drei Primärstränge	Truncus superior	
	Truncus medius	Pars supraclavicularis:
	Truncus inferior	N. dorsalis scapulae
		N. thoracicus longus
		N. subclavius
		N. suprascapularis
Drei Sekundärstränge	Fasciculus posterior	
	Fasciculus medialis	Pars infraclavicularis
	Fasciculus lateralis	

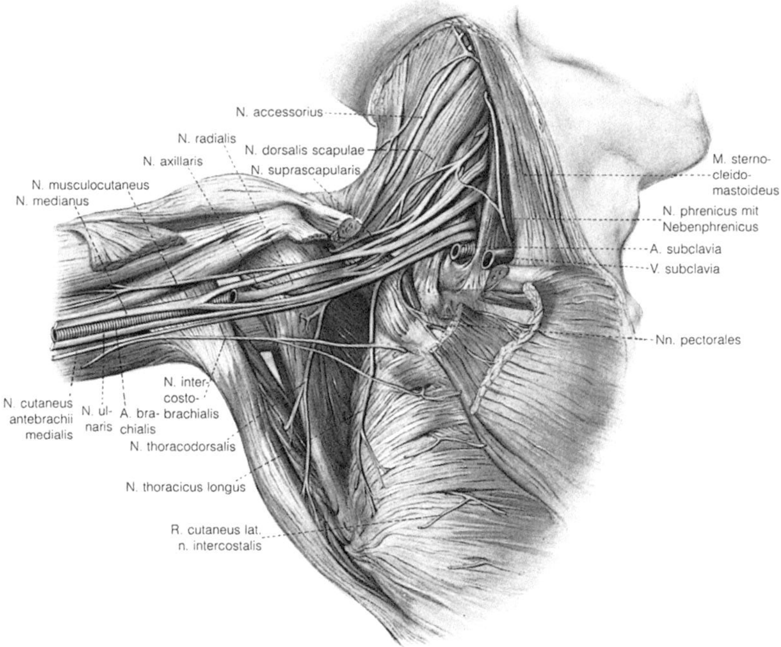
N. accessorius
N. radialis
N. dorsalis scapulae
N. axillaris
N. suprascapularis
N. musculocutaneus
N. medianus
M. sterno-cleido-mastoideus
N. phrenicus mit Nebenphrenicus
A. subclavia
V. subclavia
Nn. pectorales
N. inter-costo-brachialis
N. cutaneus antebrachii medialis
N. ul-naris
A. bra-chialis
N. thoracodorsalis
N. thoracicus longus
R. cutaneus lat. n. intercostalis

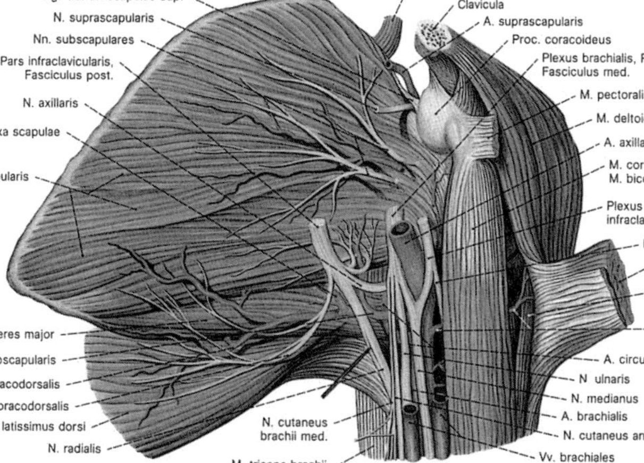

Nerven und Gefäße der linken Schultergegend.

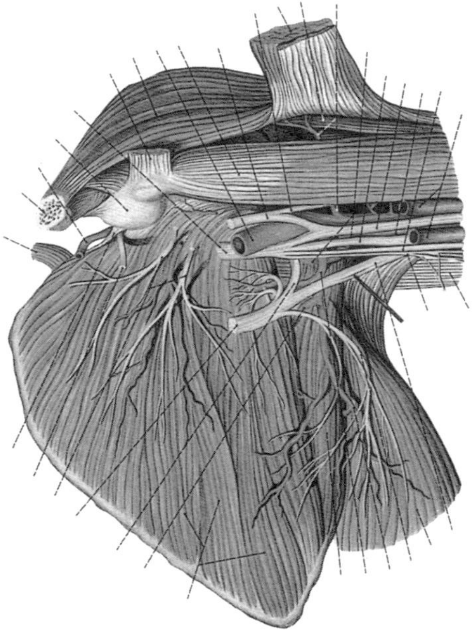

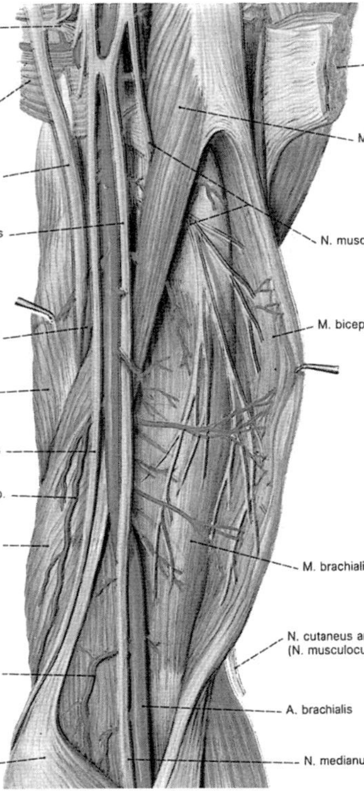

Nerven an der Beugeseite des linken Oberarms.

Plexus brachialis

aus dem *Fasciculus posterior*	N. radialis, N. axillaris
aus dem *Fasciculus lateralis*	N. musculocutaneus, laterale Zinke des N. medianus
aus dem *Fasciculus medialis*	mediale Zinke des N. medianus, N. ulnaris, N. cutaneus brachii lateralis, N. cutaneus antibrachii medialis

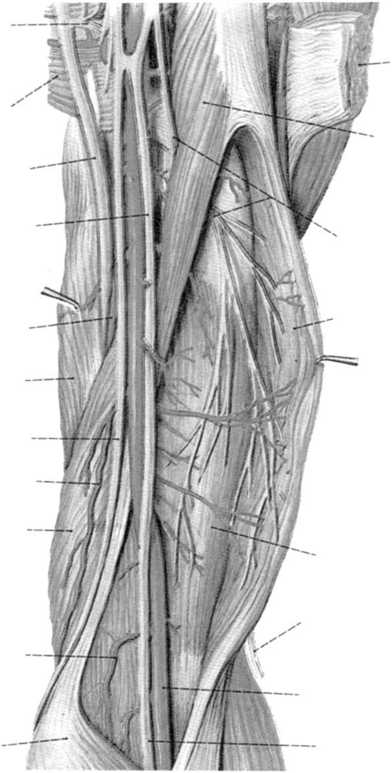

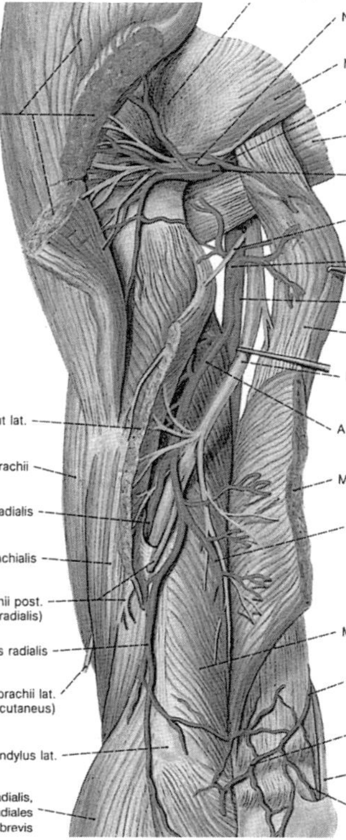

Nerven an der Streckseite des linken Oberarms.
* laterale Achsellücke
Gliederung des Plexus brachialis siehe Karte 59.

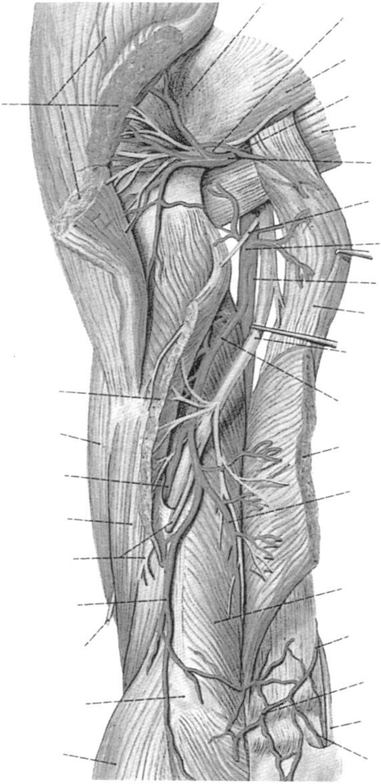

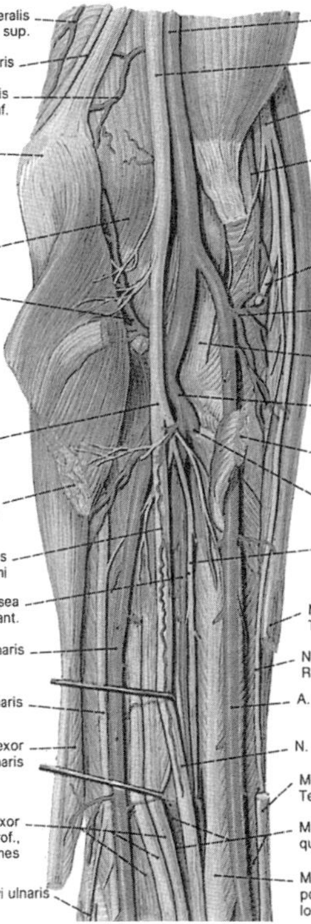

Nerven an der Beugeseite des linken Unterarms.
Gliederung des Plexus brachialis siehe Karte 59.

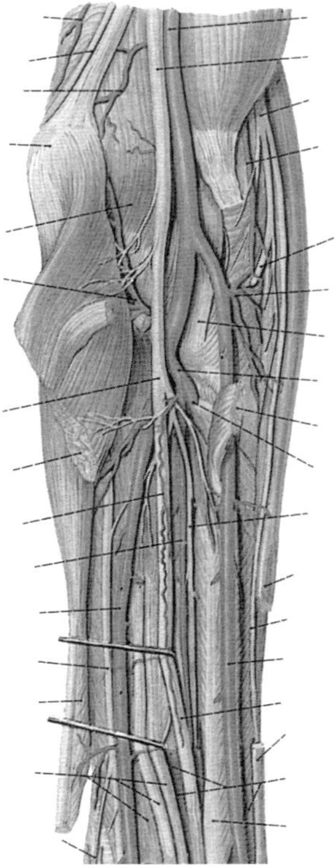

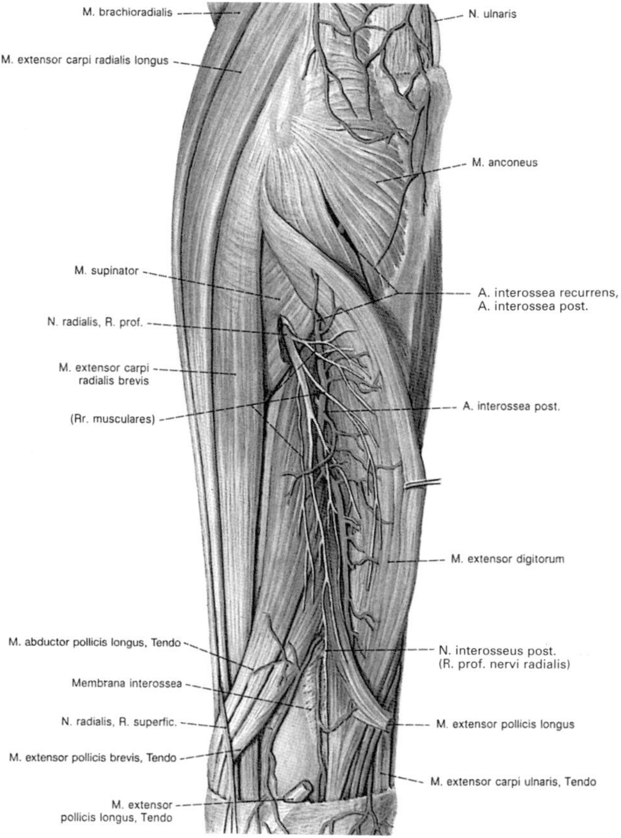

Nerven an der Streckseite des linken Unterarms.
Gliederung des Plexus brachialis siehe Karte 59.

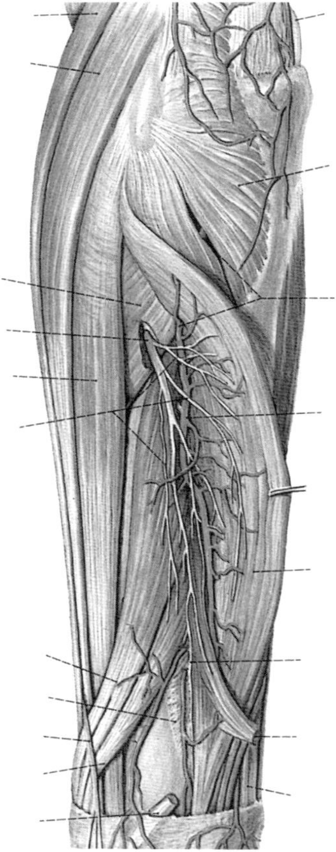

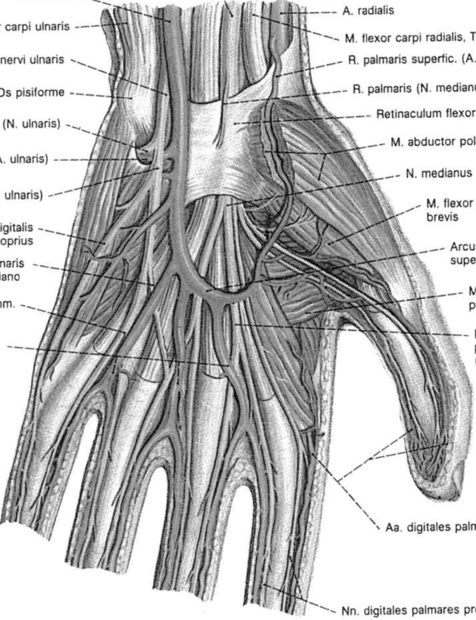

Nerven der linken Hohlhand.

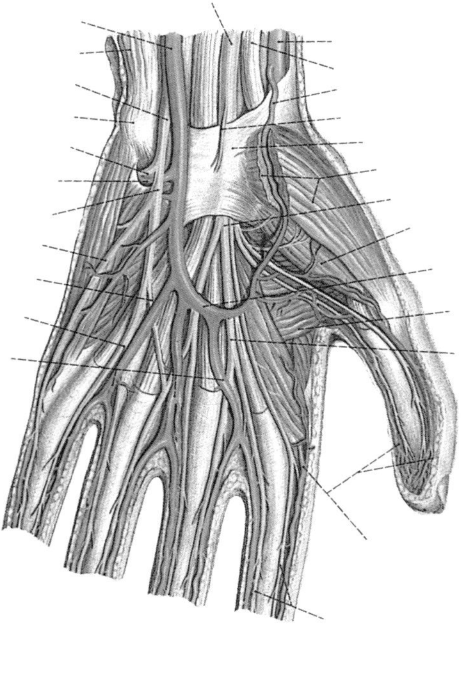

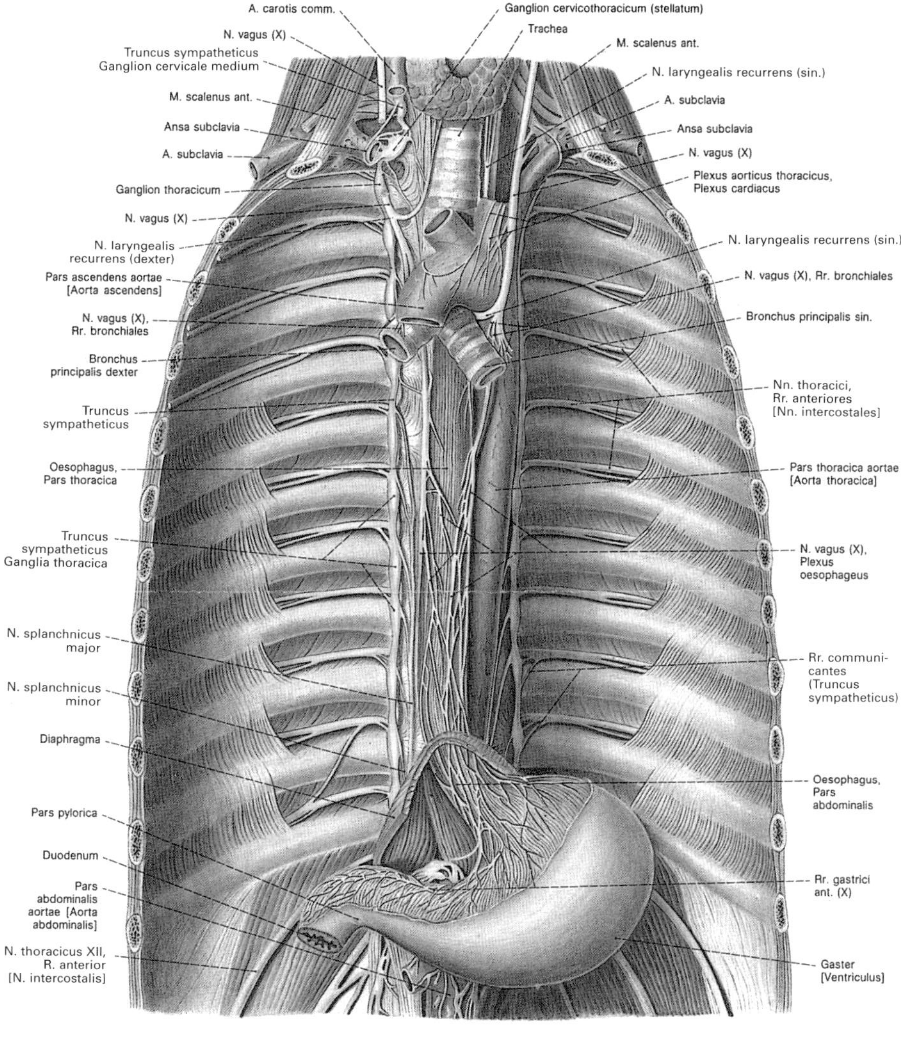

Nerven des Thorax und des oberen Bauchraums.

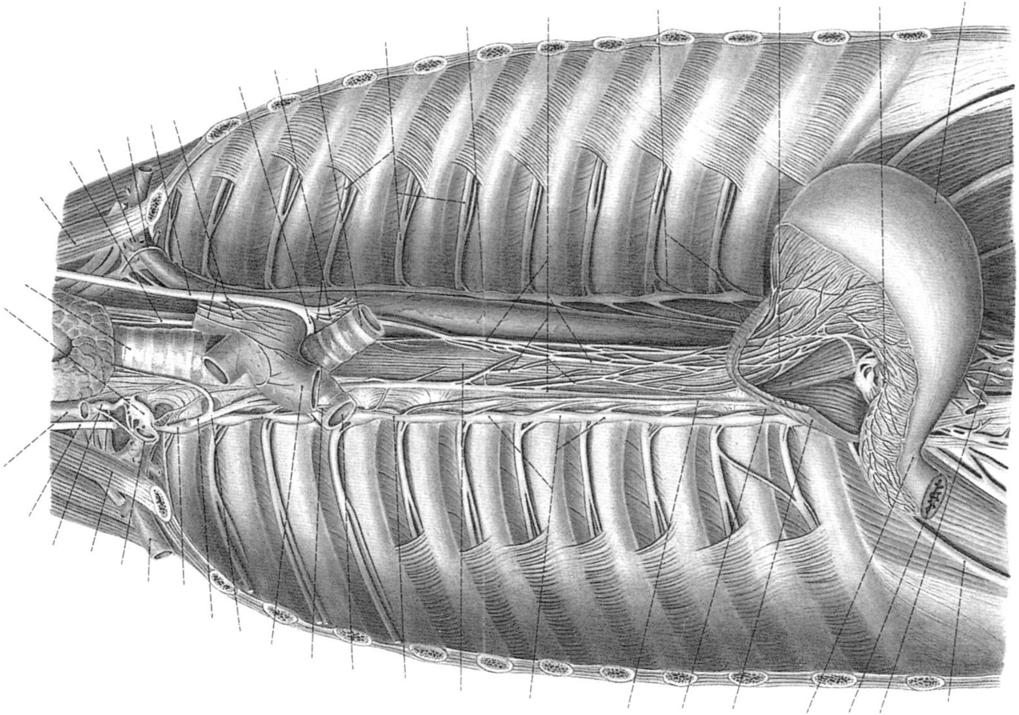

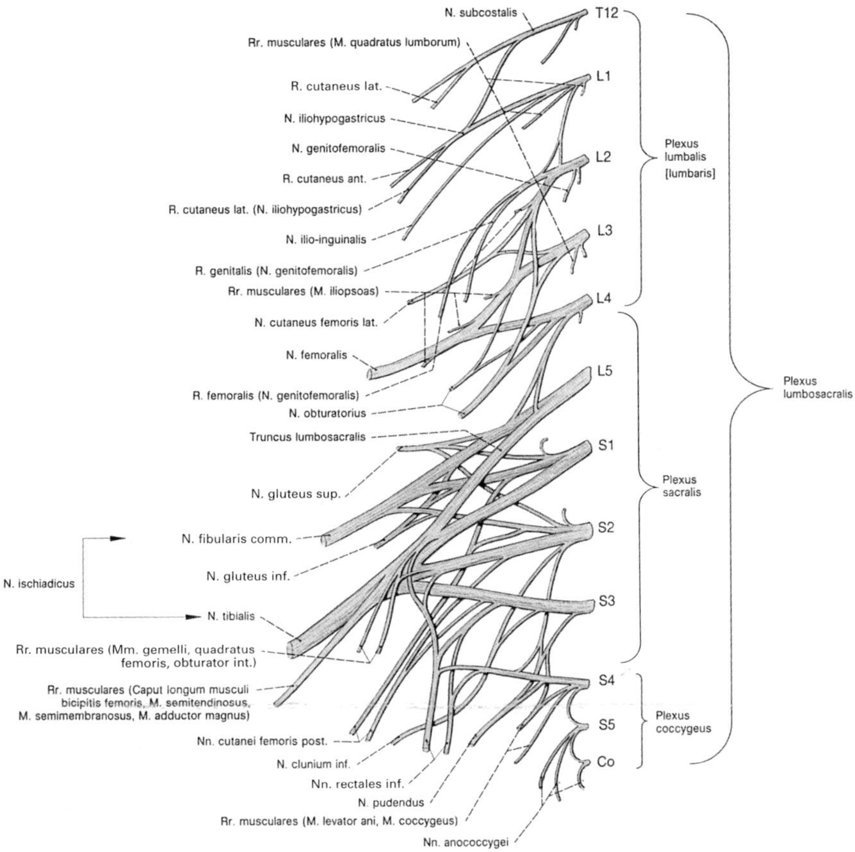

Schema der Plexus lumbalis, sacralis und coccygeus.

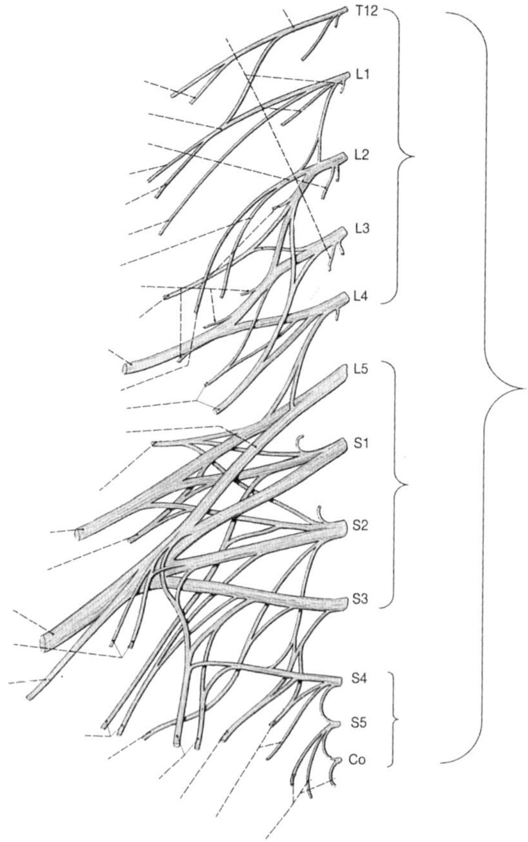
T12
L1
L2
L3
L4
L5
S1
S2
S3
S4
S5
Co

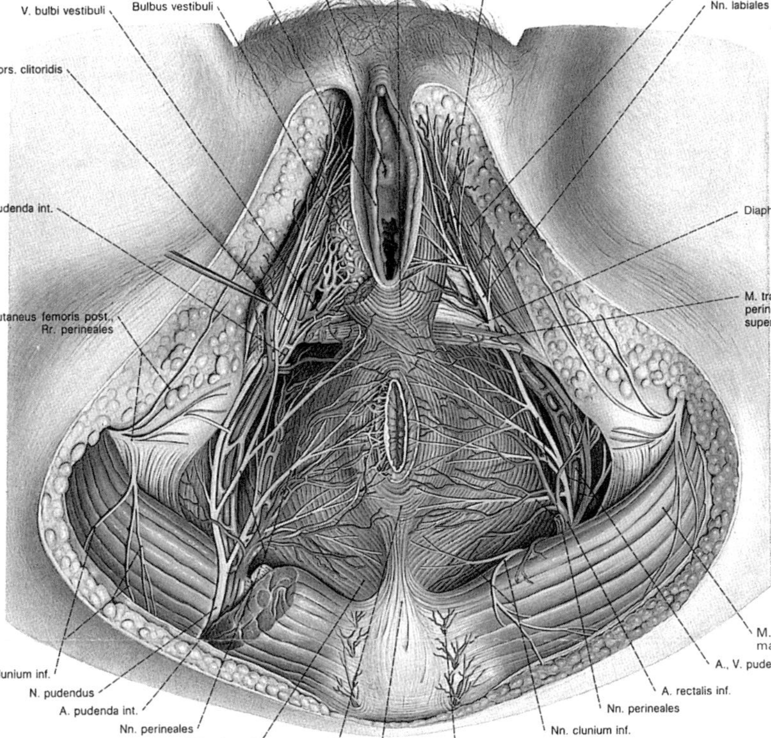

Nerven der Regio perinealis bei der Frau.

Plexus sacralis

N. piriformis	
N. obturatorius	
N. musculi quadrati femoris	
N. gluteus superior	
N. gluteus inferior	
N. cutaneus femoris posterior	
N. ischiadicus	N. fibularis communis, N. tibialis
N. pudendus	Nn. rectales inferiores
	Nn. perineales
	Nn. labiales posteriores

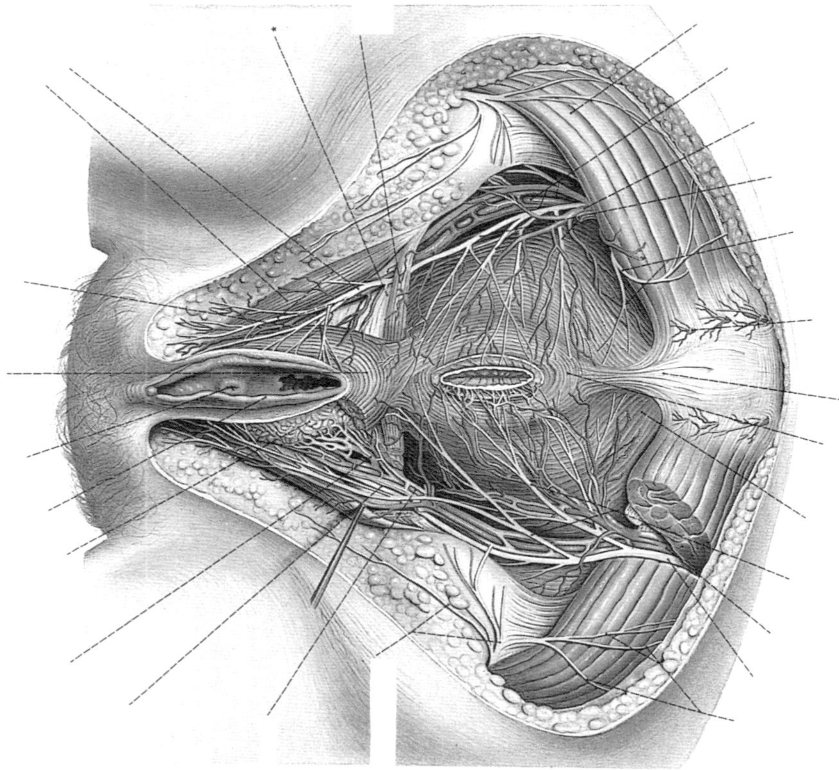

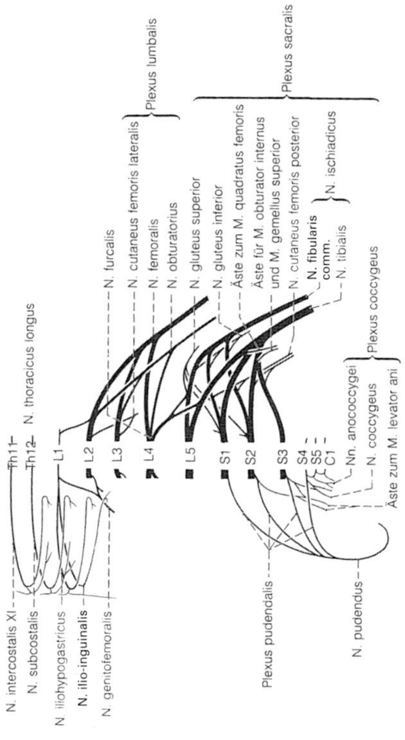
N. intercostalis XI
N. subcostalis
N. iliohypogastricus
N. ilio-inguinalis
N. genitofemoralis
Th11
Th12
N. thoracicus longus
L1
L2
L3
L4
L5
S1
S2
S3
S4
S5
C1
N. furcalis
N. cutaneus femoris lateralis
N. femoralis
N. obturatorius
Plexus lumbalis
N. gluteus superior
N. gluteus inferior
Äste zum M. quadratus femoris
Äste für M. obturator internus
und M. gemellus superior
N. cutaneus femoris posterior
N. fibularis
comm.
N. tibialis
N. ischiadicus
Plexus sacralis
N. coccygeus
Plexus coccygeus
Nn. anococcygei
N. coccygeus
Äste zum M. levator ani
Plexus pudendalis
N. pudendus

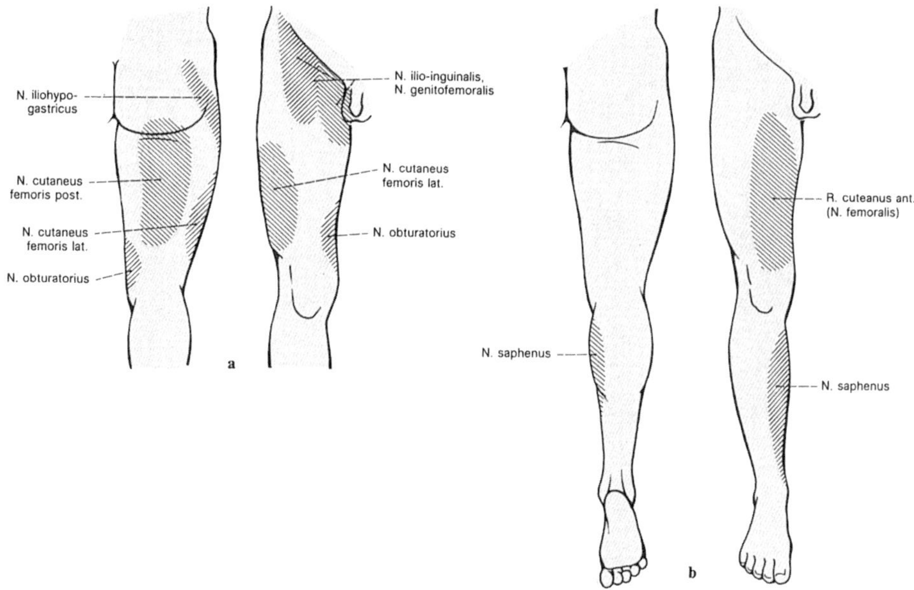

Übersicht über Plexuslähmungen des Plexus lumbalis.

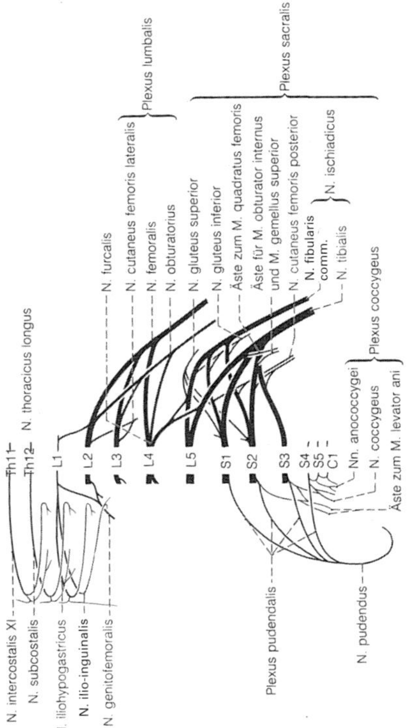
N. intercostalis XI
N. subcostalis
N. iliohypogastricus
N. ilio-inguinalis
N. genitofemoralis
Th11
Th12
N. thoracicus longus
L1
L2
L3
L4
L5
S1
S2
S3
S4
S5
C1
N. furcalis
N. cutaneus femoris lateralis
N. femoralis
N. obturatorius
Plexus lumbalis
N. gluteus superior
N. gluteus inferior
Äste zum M. quadratus femoris
Äste für M. obturator internus
und M. gemellus superior
N. cutaneus femoris posterior
N. fibularis
comm.
N. tibialis
N. ischiadicus
Plexus sacralis
Plexus pudendalis
N. pudendus
Nn. anococcygei
N. coccygeus
Äste zum M. levator ani
Plexus coccygeus

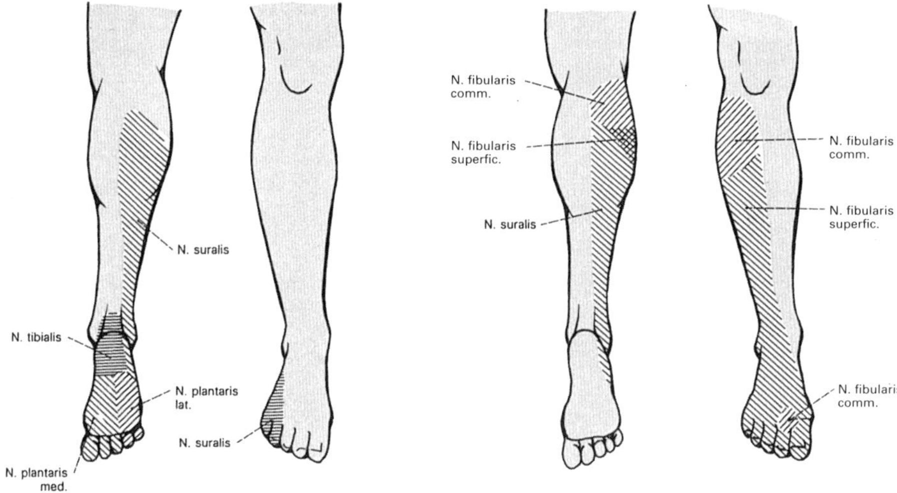

c

Übersicht über Plexuslähmungen des Plexus sacralis.

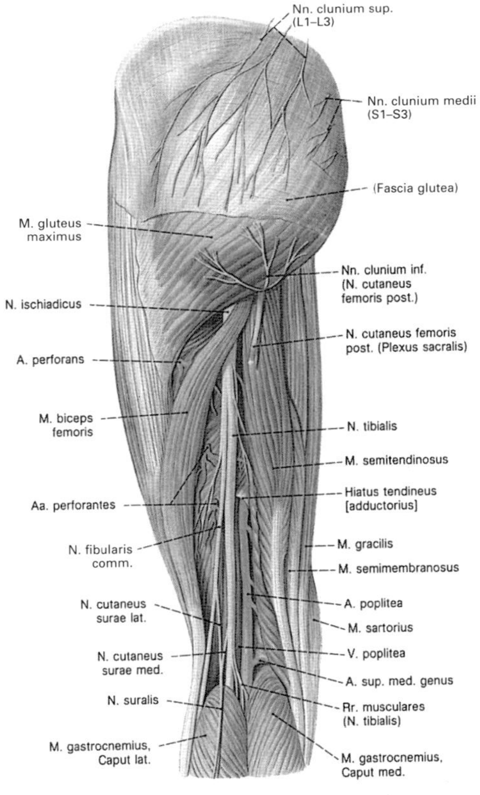

Nerven des Gesäßes und der Dorsalseite des rechten Oberschenkels.

Nn. clunium superiores	dorsale Äste des 1.–3. Lumbalnervs;
Nn. clunium medii	dorsale Äste des 1.–3. Sakralnervs;
Nn. clunium inferiores	aus N. cutaneus femoris posterior.

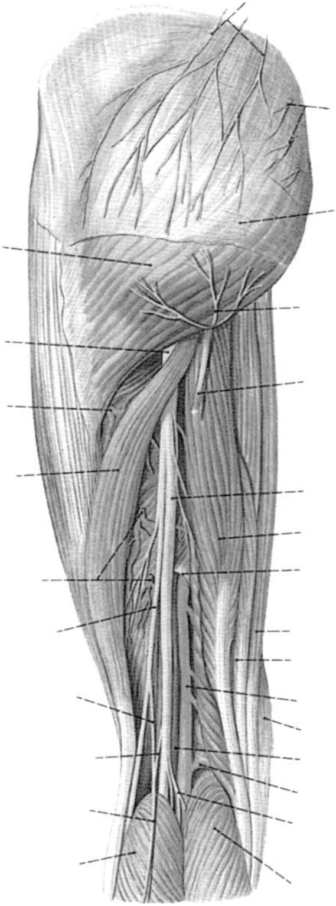

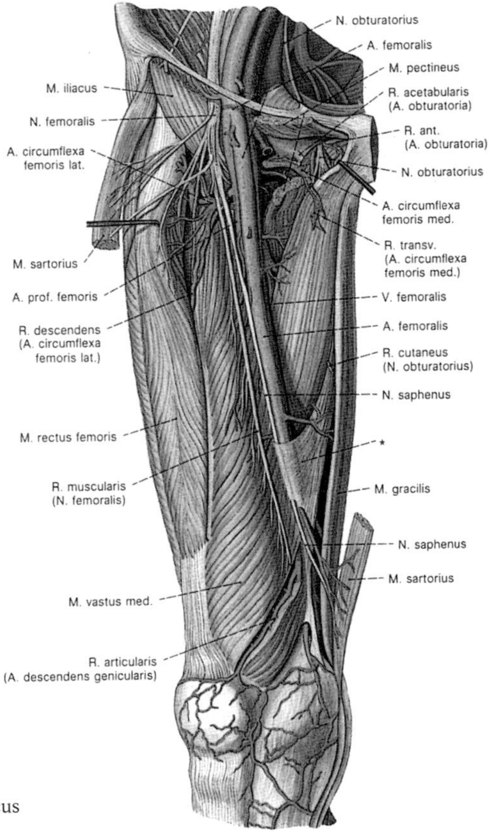

Plexus lumbalis

N. iliohypogastricus
N. ilioinguinalis
N. genitofemoralis
N. cutaneus femoris lateralis
N. femoralis → N. saphenus
N. obturatoris

Nerven der Ventralseite des rechten Oberschenkels.
* Adduktorenkanal

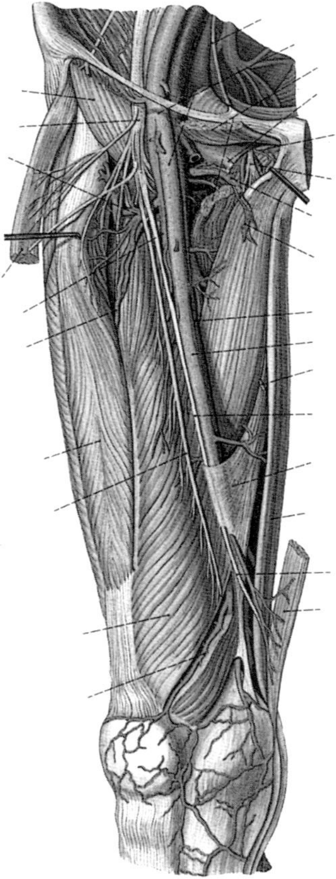

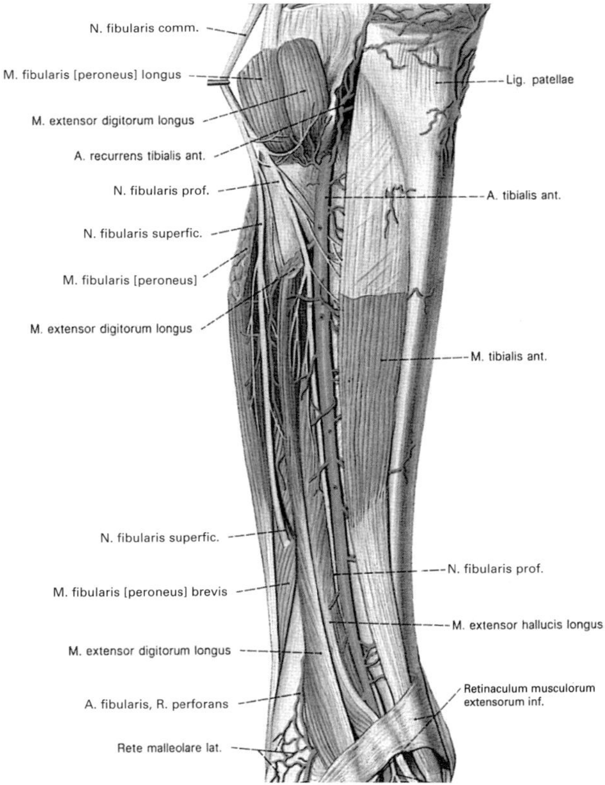

Nerven der Streckseite des rechten Unterschenkels.

Plexus sacralis ➜ N. ischiadicus ➜ N. fibularis communis,
N. fibularis superficialis
N. fibularis profundus

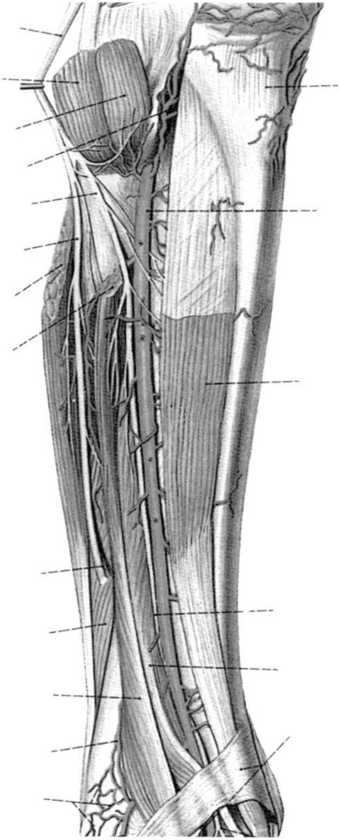

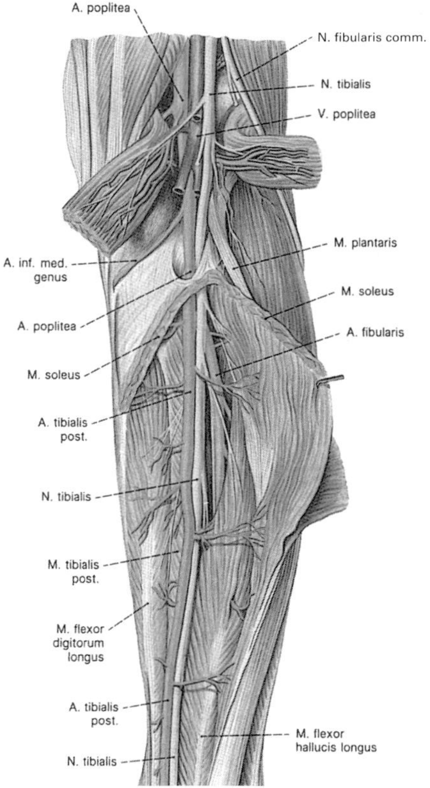

Nerven der Beugeseite des rechten Unterschenkels.

Plexus sacralis ➔ N. ischiadicus ➔ N. tibialis

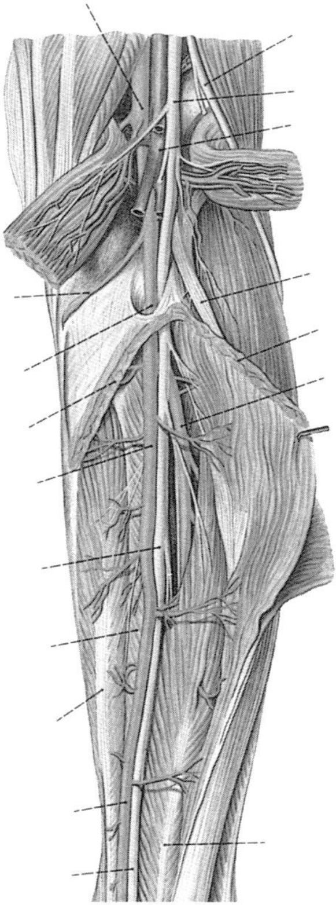

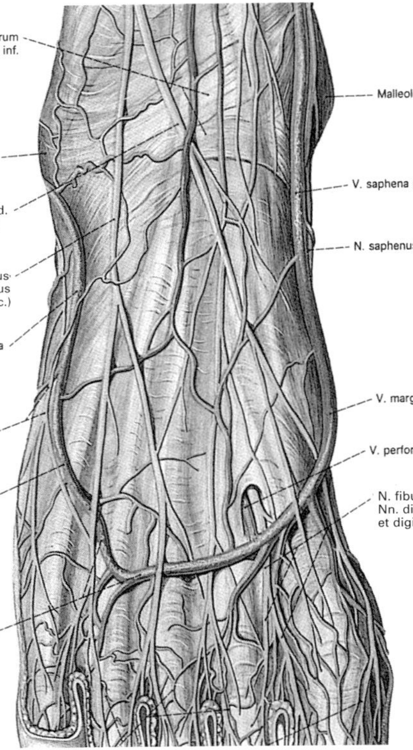

Hautnerven des rechten Fußrückens.

Plexus sacralis → N. ischiadicus → N. peroneus communis
N. peroneus superficialis
N. cutaneus dors. medialis
N. cutaneus dors. intermedius

✎ **Aber:** N. cutaneus dors. lateralis aus dem N. suralis!

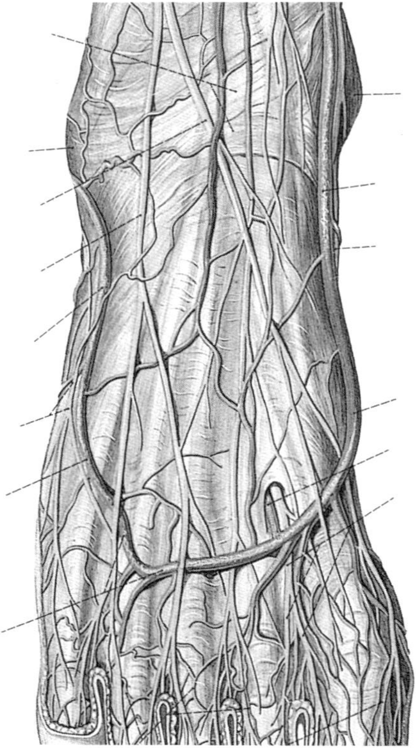

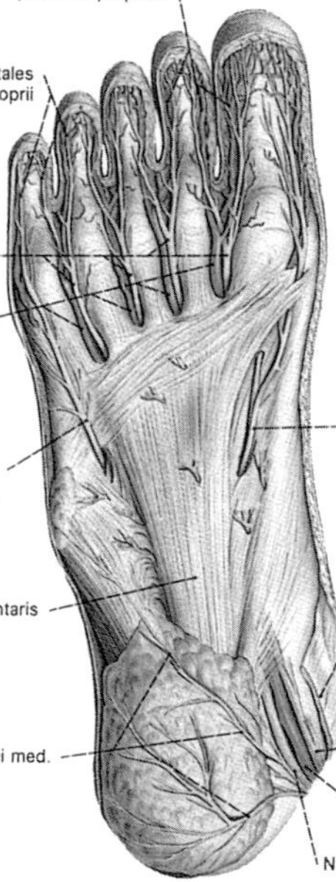

Hautnerven der rechten Fußsohle.

Plexus sacralis → N. ischiadicus → N. tibialis
N. plantaris medialis
N. plantaris lateralis
Nn. digitales plantares communes
Nn. digitales plantares proprii

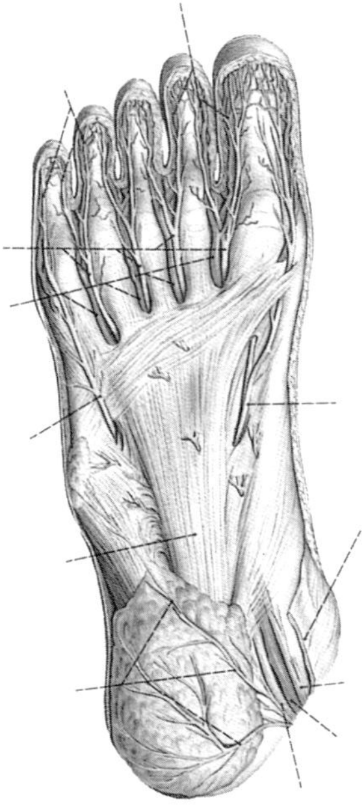

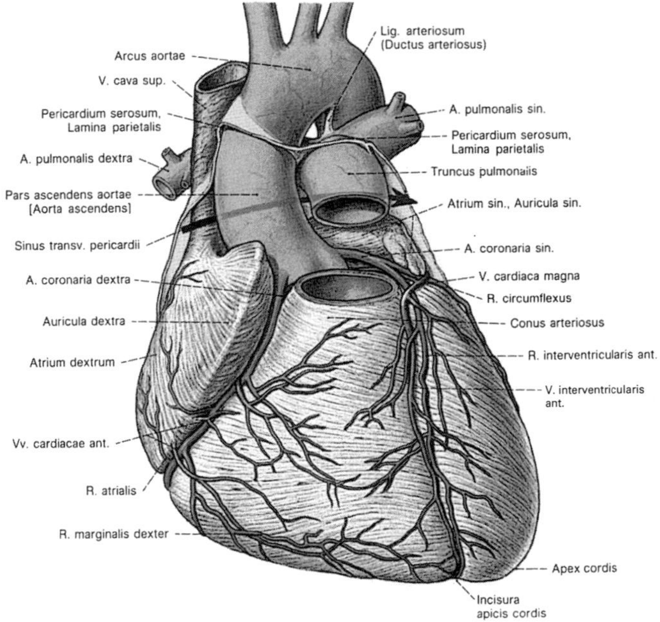

Vorderfläche des Herzens. Herzkranzgefäße.

Aorta ascendens ➔ A. coronaria dextra
Ramus interventricularis posterior
Ramus circumflexus
➔ A. coronaria sinistra
Ramus interventricularis anterior
Ramus circumflexus

Merke: Perikard – Pericardium fibrosum
– Pericardium serosum
– Lamina parietalis
Epikard = Lamina visceralis

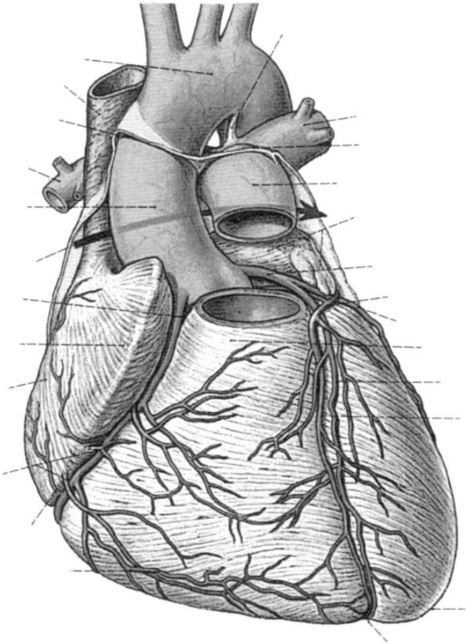

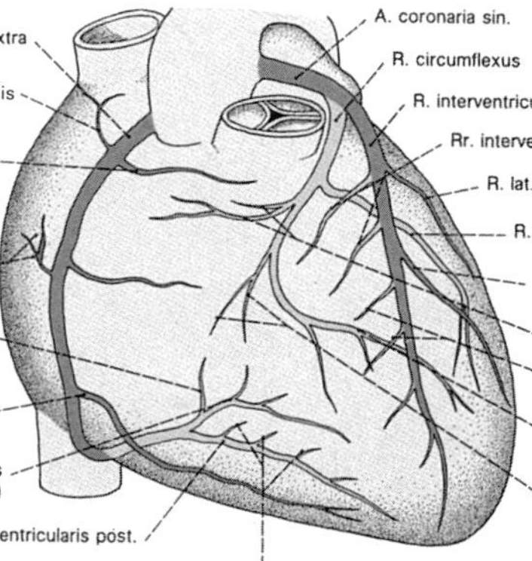

Herzkranzgefäße. Intermediärer Versorgungstyp des Herzens.

Intermediärer koronarer Versorgungstyp (ca. 70%)
Koronarer Linksversorgungstyp (ca. 20%)
Koronarer Rechtsversorgungstyp (ca. 10%)

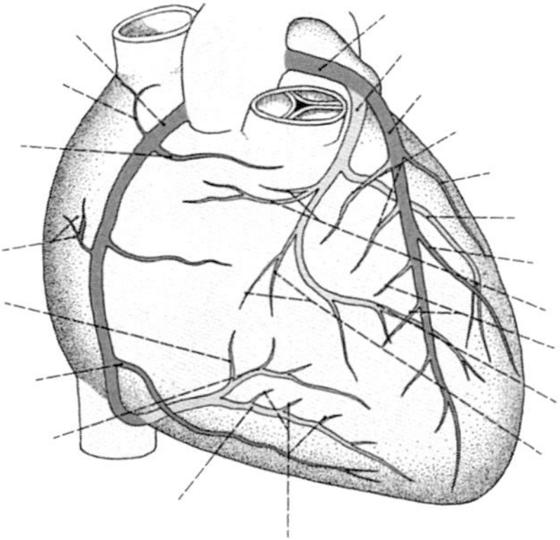

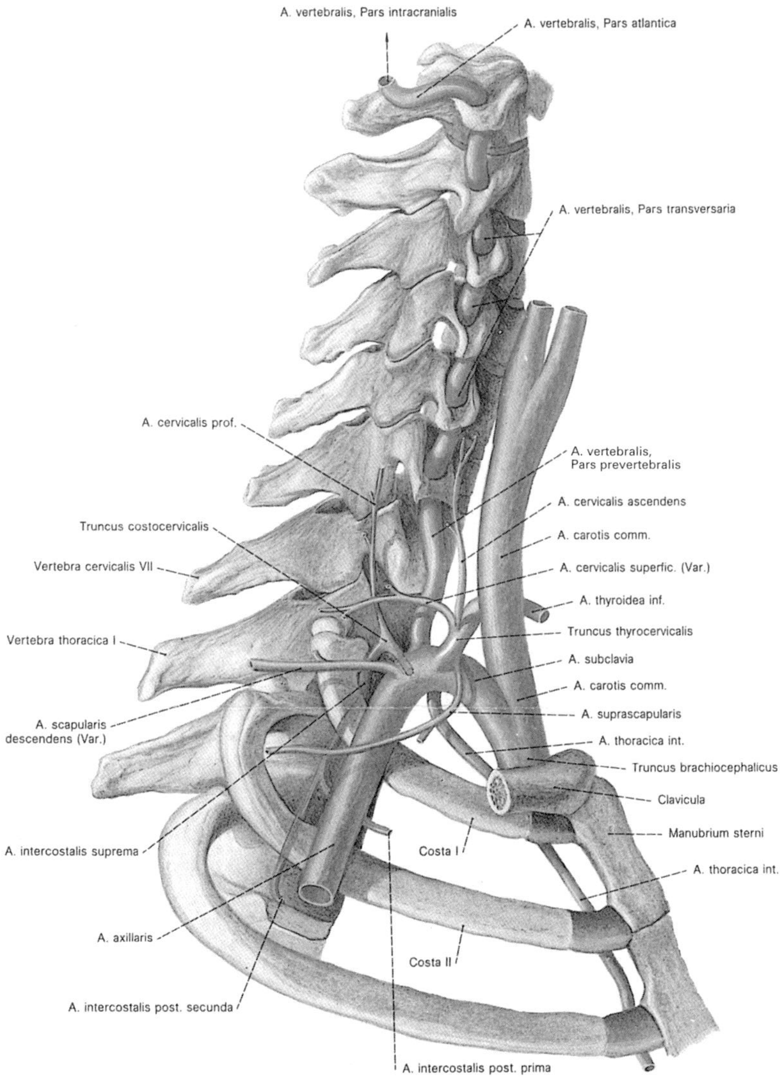

Äste der A. subclavia (dextra).

✔ A. subclavia ➔ A. axillaris ➔ A. brachialis

➔ Truncus thyrocervicalis
  A. suprascapularis
  A. thyroidea inferior
  A. cervicalis ascendens
  A. cervicalis superficialis
➔ A. vertebralis
➔ A. thoracica interna
➔ Truncus costocervicalis
  A. cervicalis profunda
  A. intercostalis suprema

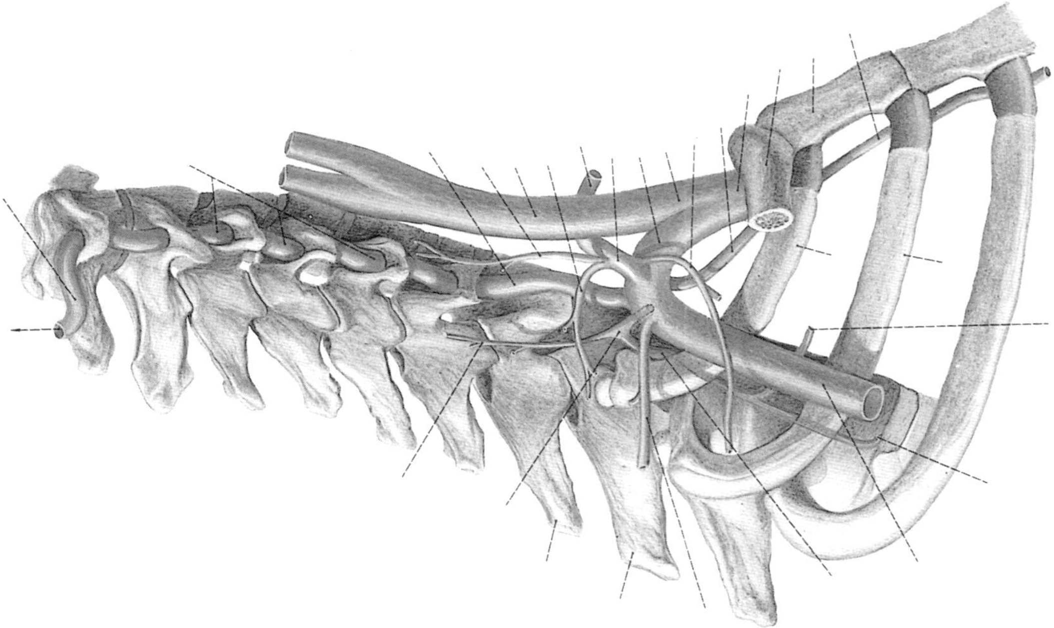

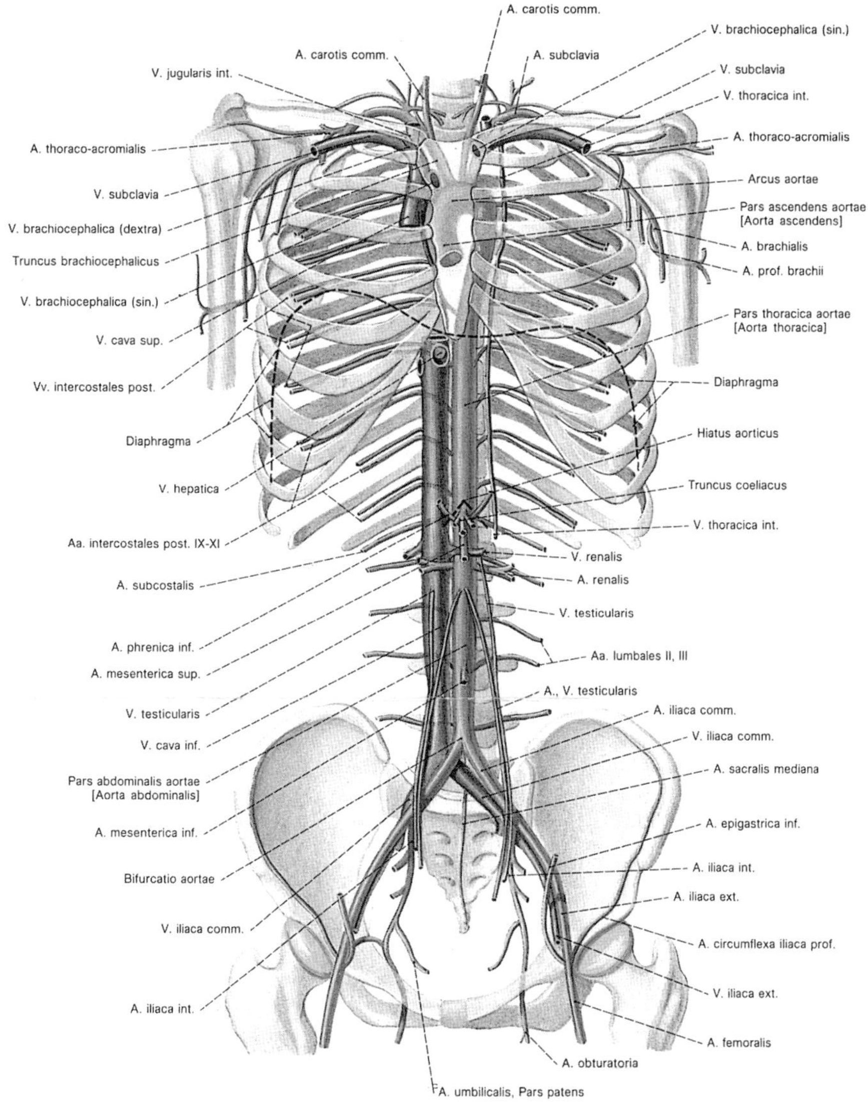

Schematische Darstellung der großen Gefäßstämme des Körperkreislaufs.

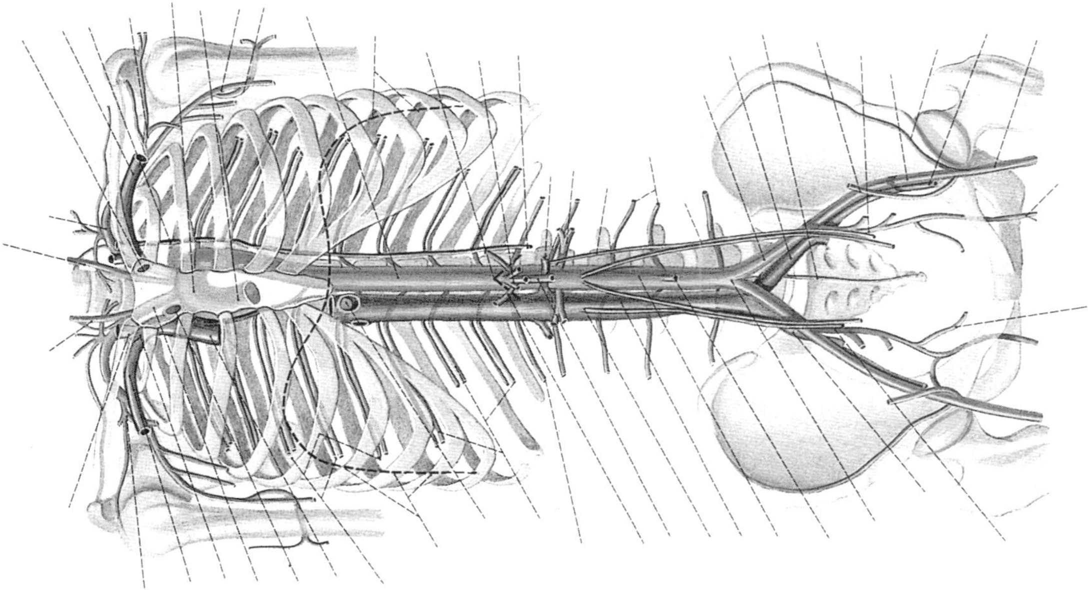

Blutgefäße des Magens.

Aorta abdominalis ➜ Truncus coeliacus
- ➜ A. lienalis
  - Aa. gastricae breves
  - A. gastro-omentalis [epiploica] sinistra
- ➜ A. gastrica sinistra
- ➜ A. hepatica communis
  - A. hepatica propria
    - A. gastrica dextra
  - A. gastroduodenalis
    - Aa. supraduodenales
    - A. cervicalis ascendens
    - A. pancreaticoduodenalis sup. post.
    - A. gastro-omentalis [epiploica] dextra
    - A. pancreaticoduodenalis sup. ant.

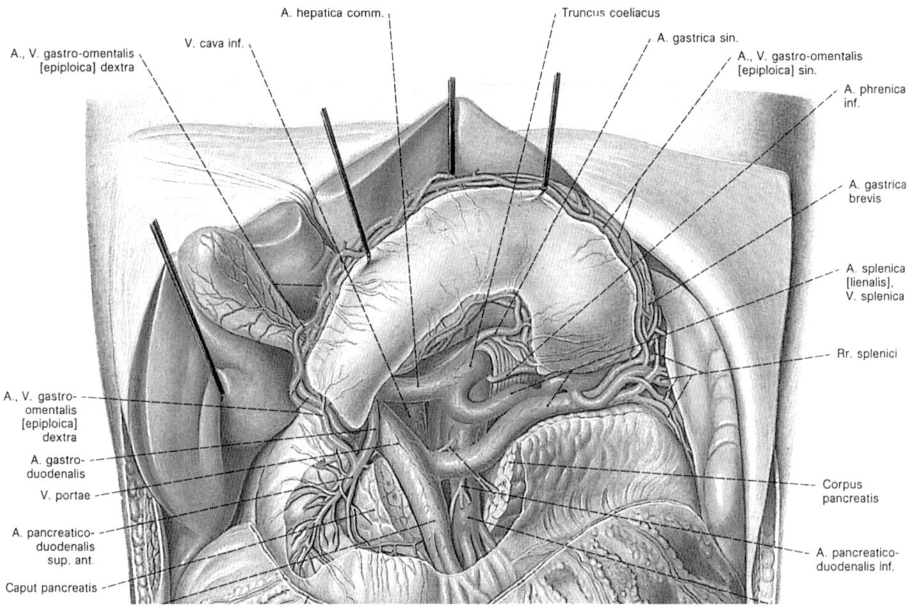
A. hepatica comm.
Truncus coeliacus
V. cava inf.
A. gastrica sin.
A., V. gastro-omentalis [epiploica] dextra
A., V. gastro-omentalis [epiploica] sin.
A. phrenica inf.
A. gastrica brevis
A. splenica [lienalis], V. splenica
Rr. splenici
A., V. gastro-omentalis [epiploica] dextra
A. gastro-duodenalis
V. portae
Corpus pancreatis
A. pancreatico-duodenalis sup. ant.
A. pancreatico-duodenalis inf.
Caput pancreatis

Äste der A. mesenterica superior.

Aorta abdominalis → A. mesenterica superior
→ A. pancreaticoduodenalis inferior
Ramus posterior
Ramus anterior
→ Aa. jejunales
→ Aa. ileales
→ A. colica media
→ A. colica dextra
→ A. ileocolica
A. caecalis anterior
A. caecalis posterior
A. appendicularis
Ramus ilealis
Ramus colicus

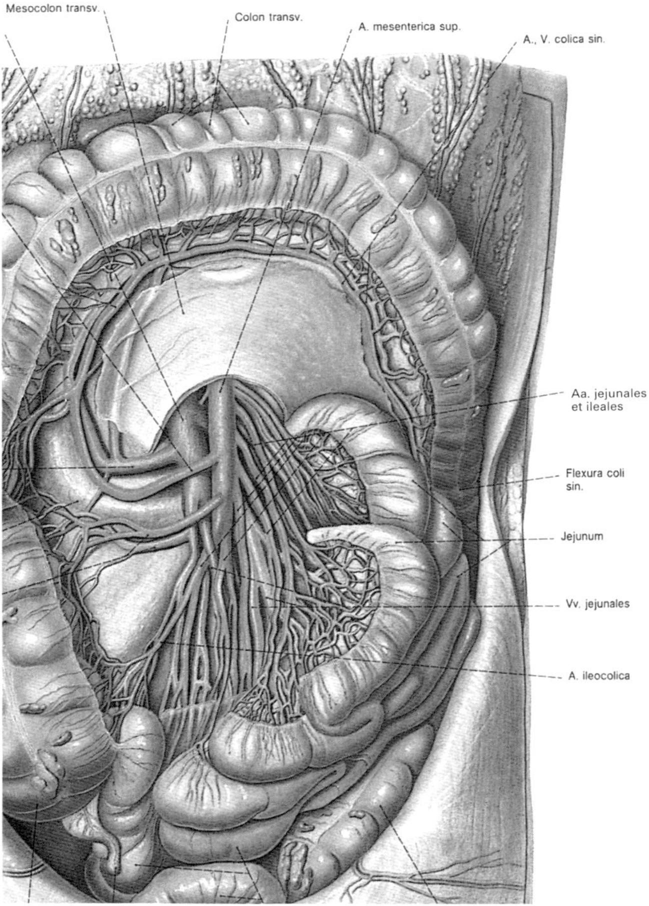
Mesocolon transv.
Colon transv.
A. mesenterica sup.
A., V. colica sin.
Aa. jejunales et ileales
Flexura coli sin.
Jejunum
Vv. jejunales
A. ileocolica

Äste der A. mesenterica inferior.

Aorta abdominalis ➔ A. mesenterica inferior
➔ A. colica sinistra
➔ Aa. sigmoideae
➔ A. rectalis superior

✎ **Aber:** A. rectalis media aus der A. iliaca interna!
✎ **Aber:** A. rectalis inferior aus der A. pudenda interna!

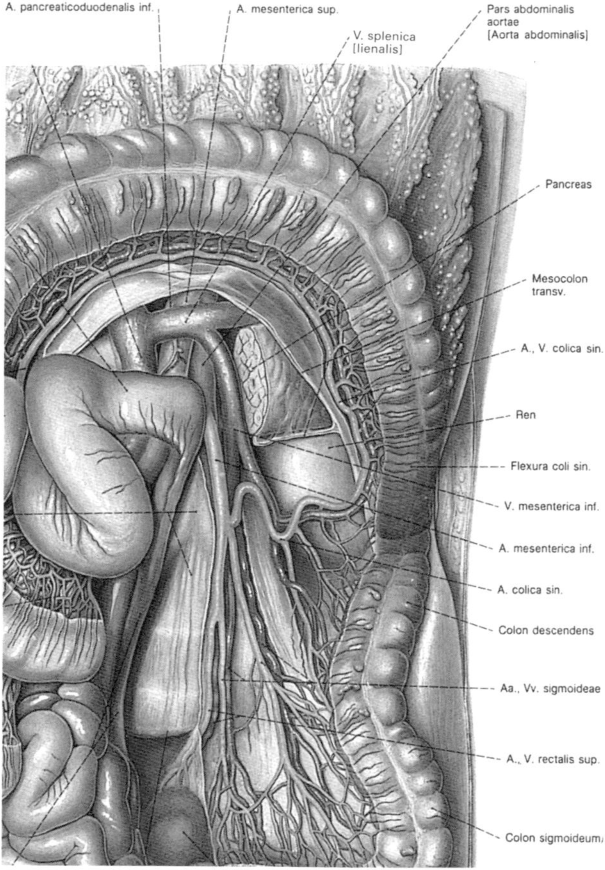
A. pancreaticoduodenalis inf.
A. mesenterica sup.
V. splenica [lienalis]
Pars abdominalis aortae [Aorta abdominalis]
Pancreas
Mesocolon transv.
A., V. colica sin.
Ren
Flexura coli sin.
V. mesenterica inf.
A. mesenterica inf.
A. colica sin.
Colon descendens
Aa., Vv. sigmoideae
A., V. rectalis sup.
Colon sigmoideum

Äste des Truncus coeliacus.

Aorta abdominalis ➜ Truncus coeliacus
- ➜ A. lienalis
  - Aa. gastricae breves
  - A. gastro-omentalis [epiploica] sinistra
- ➜ A. gastrica sinistra
- ➜ A. hepatica communis
  - A. hepatica propria
    - A. gastria dextra
  - A. gastroduodenalis
    - Aa. supraduodenales
    - A. cervicalis ascendens
    - A. pancreaticoduodenalis sup. post.
    - A. gastro-omentalis [epiploica] dextra
    - A. pancreaticoduodenalis sup. ant.

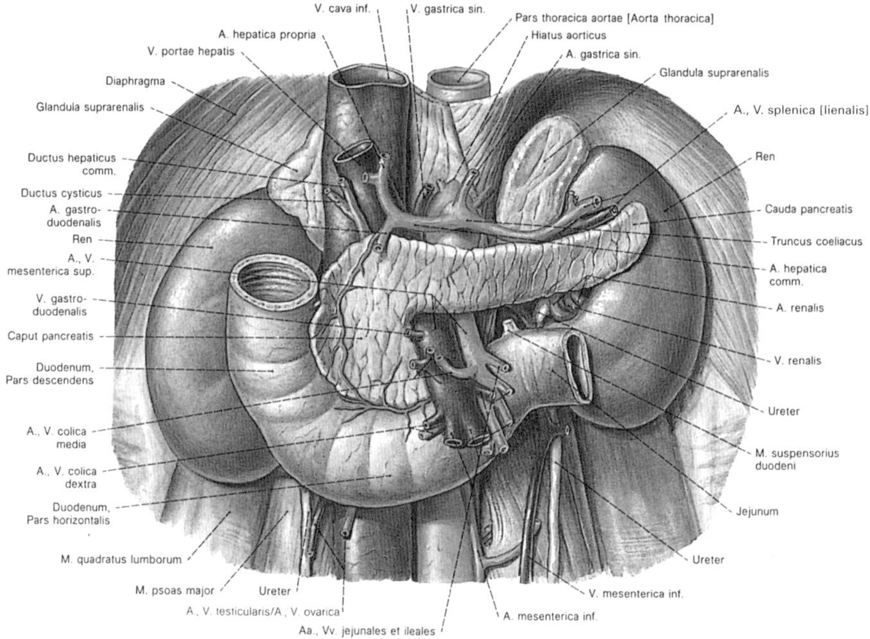
V. cava inf.
V. gastrica sin.
Pars thoracica aortae [Aorta thoracica]
A. hepatica propria
Hiatus aorticus
V. portae hepatis
A. gastrica sin.
Diaphragma
Glandula suprarenalis
Glandula suprarenalis
A., V. splenica [lienalis]
Ductus hepaticus comm.
Ren
Ductus cysticus
A. gastro-duodenalis
Cauda pancreatis
Ren
Truncus coeliacus
A., V. mesenterica sup.
A. hepatica comm.
V. gastro-duodenalis
A. renalis
Caput pancreatis
V. renalis
Duodenum, Pars descendens
Ureter
A., V. colica media
M. suspensorius duodeni
A., V. colica dextra
Duodenum, Pars horizontalis
Jejunum
M. quadratus lumborum
Ureter
M. psoas major
Ureter
V. mesenterica inf.
A., V. testicularis/A., V. ovarica
A. mesenterica inf.
Aa., Vv. jejunales et ileales

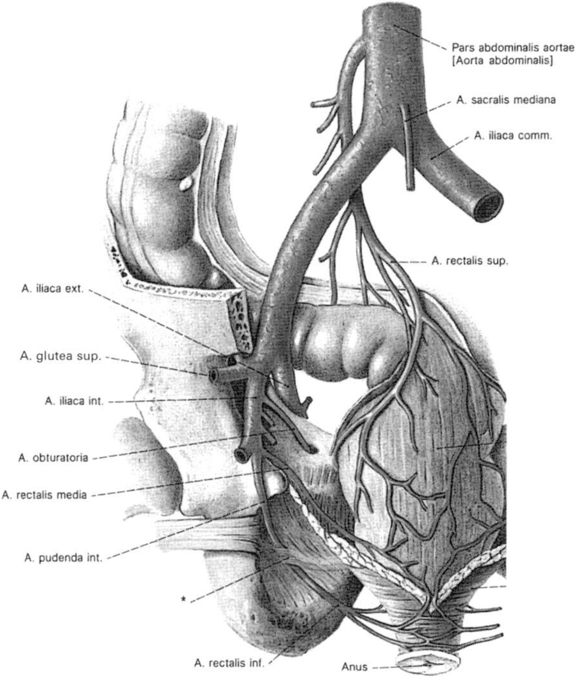

Arterielle Versorgung des Rektums.
* Verlauf der A. rectalis inf. im ALCOCKschen Kanal

→ A. rectalis superior	aus der A. mesenterica inferior
→ A. rectalis media	aus der A. iliaca interna!
→ A. rectalis inferior	aus der A. pudenda interna!

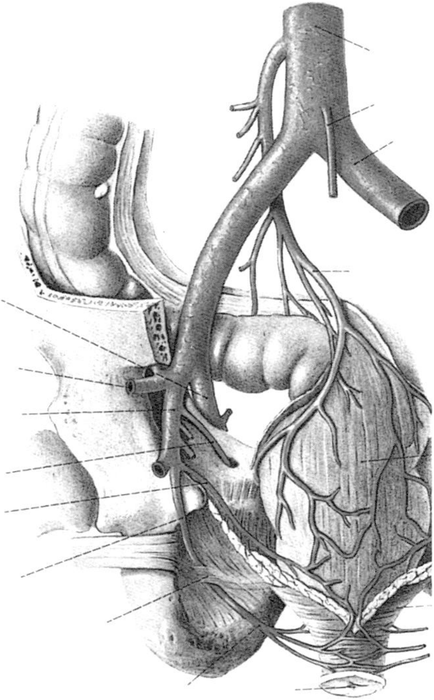

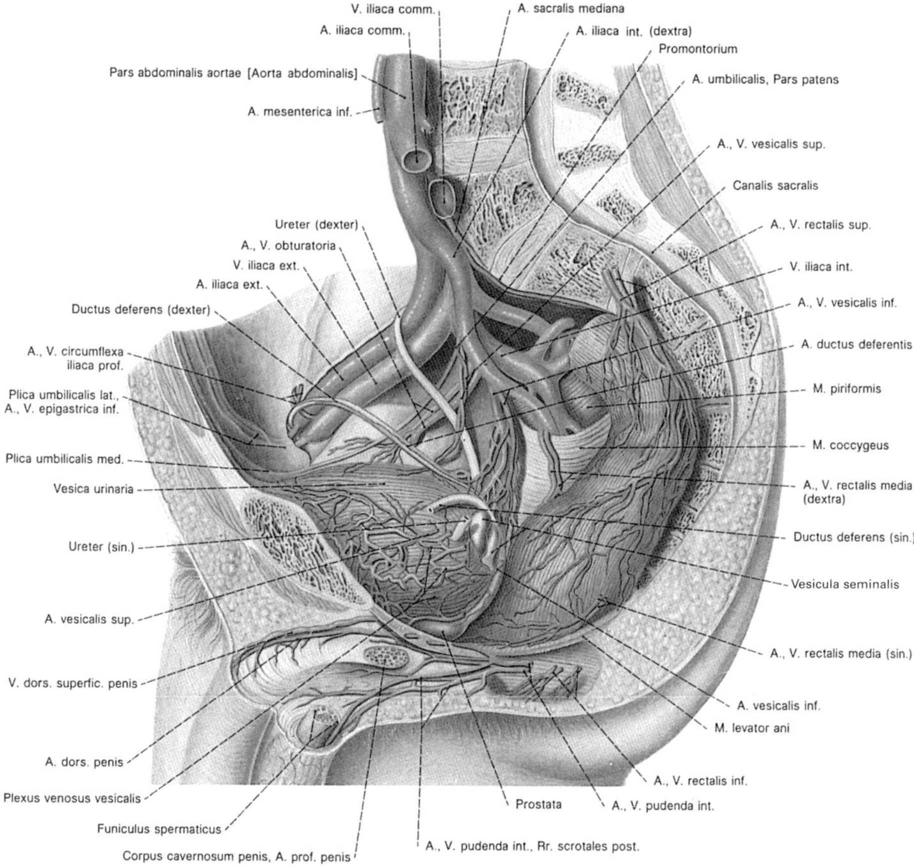

Blutgefäße der rechten Beckenhälfte.

✓ Aorta abdominalis → A. iliaca communis
→ A. iliaca externa   A. femoralis
→ A. iliaca interna
→ vorderer Stamm
Rumpfwandäste:
A. obturatoria
A. pudenda interna
A. glutea inferior
Eingeweideäste:
A. umbilicalis
A. uterina
A. vesicalis inferior
A. rectalis media
→ hinterer Stamm
Rumpfwandäste:
A. iliolumbalis
Aa. sacrales
A. glutea superior

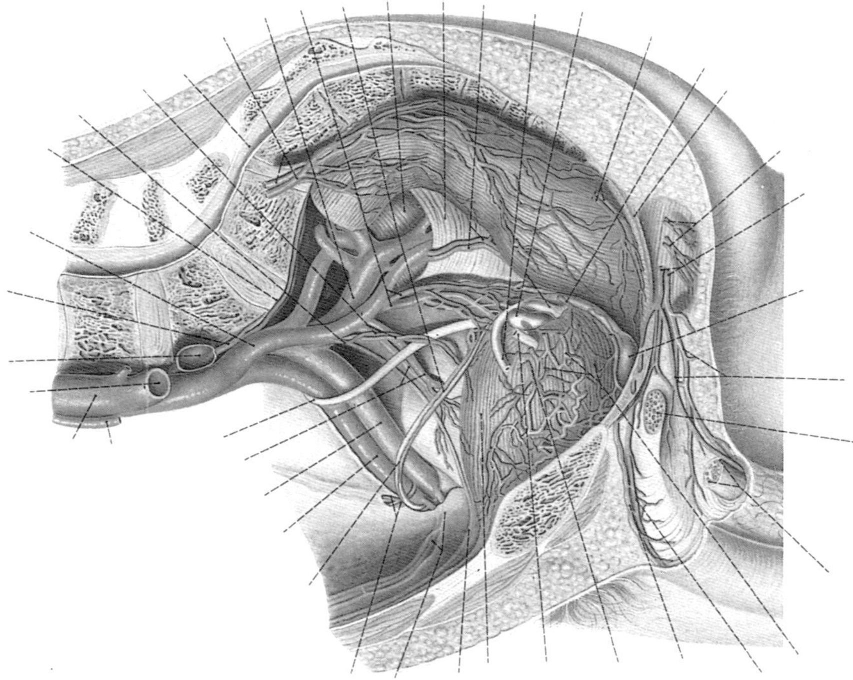

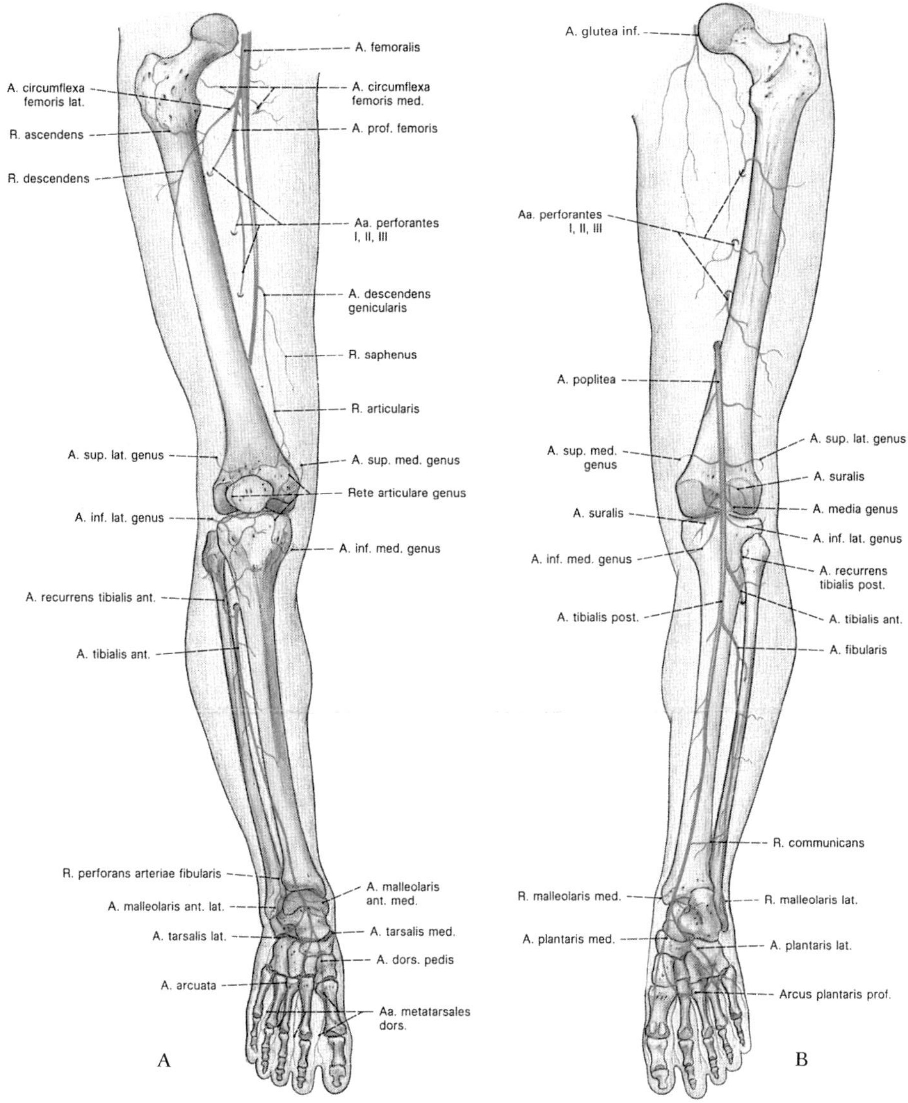

Übersicht über die Arterien des Beines.
A Ansicht von ventral; B Ansicht von dorsal.

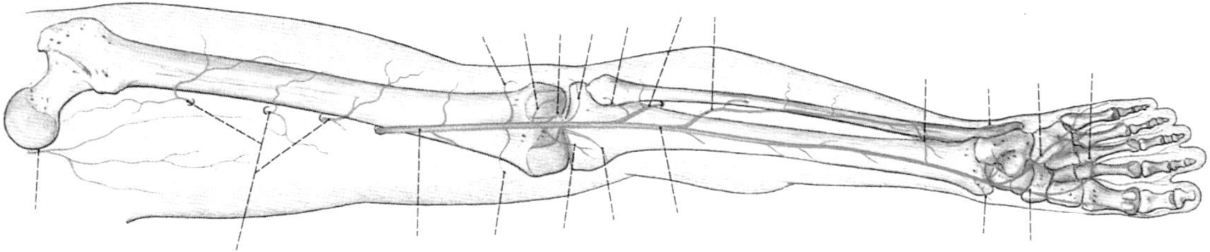

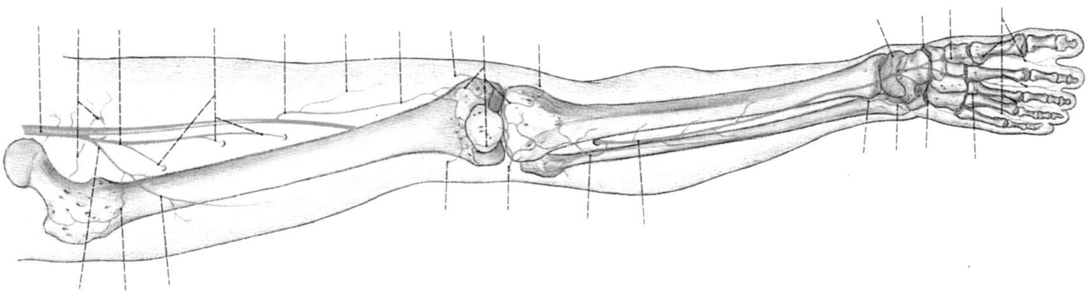

Arterien an der Ventralseite des rechten Oberschenkels.

✔ Aorta abdominalis ➔ A. iliaca communis
➔ A. iliaca externa ➔ A. femoralis ➔ A. poplitea

✔ A. femoralis
- ➔ A. epigastrica superficialis
- ➔ A. circumflexa ilium superficialis
- ➔ Aa. pudendae externae
- ➔ A. profunda femoris
  - A. circumflexa femoris medialis
  - A. circumflexa femoris lateralis
- ➔ A. descendens genicularis
  - Ramus saphenus

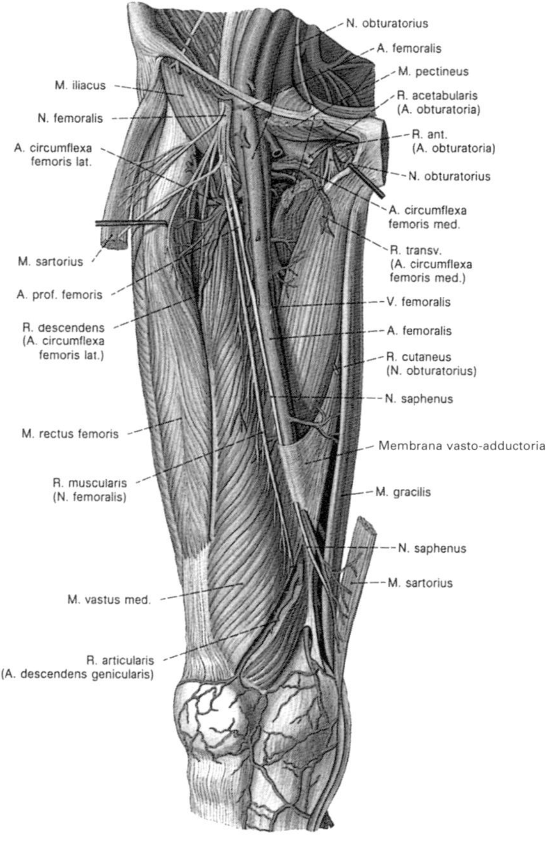
N. obturatorius
A. femoralis
M. pectineus
R. acetabularis (A. obturatoria)
R. ant. (A. obturatoria)
N. obturatorius
A. circumflexa femoris med.
R. transv. (A. circumflexa femoris med.)
V. femoralis
A. femoralis
R. cutaneus (N. obturatorius)
N. saphenus
Membrana vasto-adductoria
M. gracilis
N. saphenus
M. sartorius
M. iliacus
N. femoralis
A. circumflexa femoris lat.
M. sartorius
A. prof. femoris
R. descendens (A. circumflexa femoris lat.)
M. rectus femoris
R. muscularis (N. femoralis)
M. vastus med.
R. articularis (A. descendens genicularis)

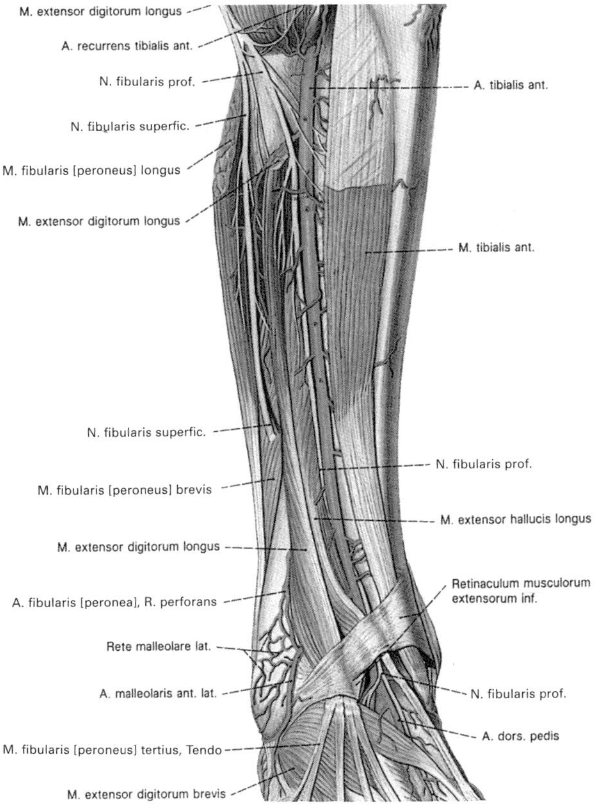

Arterien der Streckseite des rechten Unterschenkels.

✔ → A. femoralis → A. poplitea
→ A. tibialis anterior
A. malleolaris anterior medialis
A. malleolaris anterior lateralis
A. dorsalis pedis
→ A. tibialis posterior

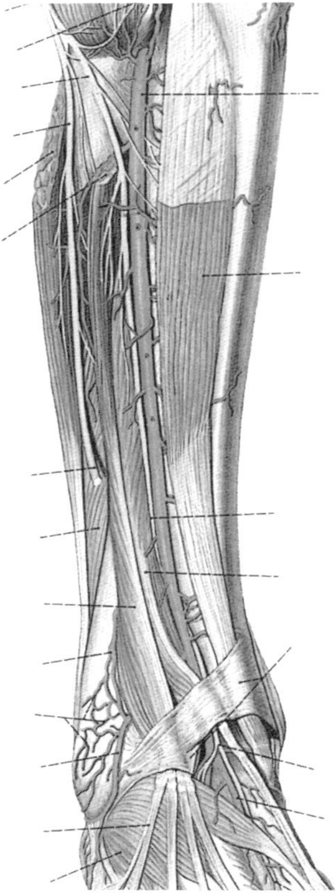

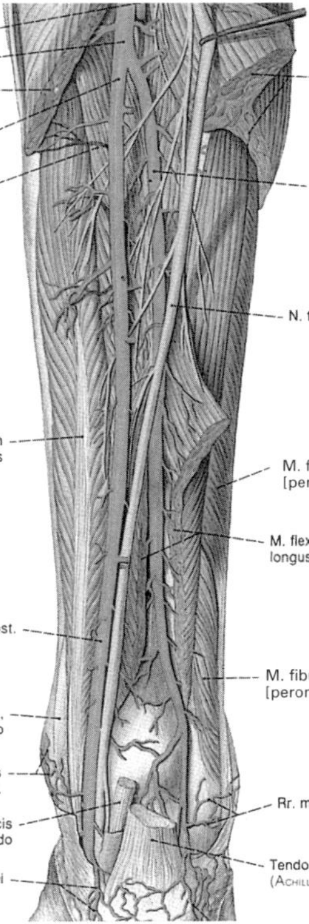

Arterien an der Beugeseite des rechten Unterschenkels.

✔ → A. poplitea → A. tibialis anterior
→ A. fibularis
→ A. tibialis posterior
A. plantaris medialis
A. plantaris lateralis
Rami calcanei

* Truncus tibioperonealis (inoffizielle Bezeichnung)

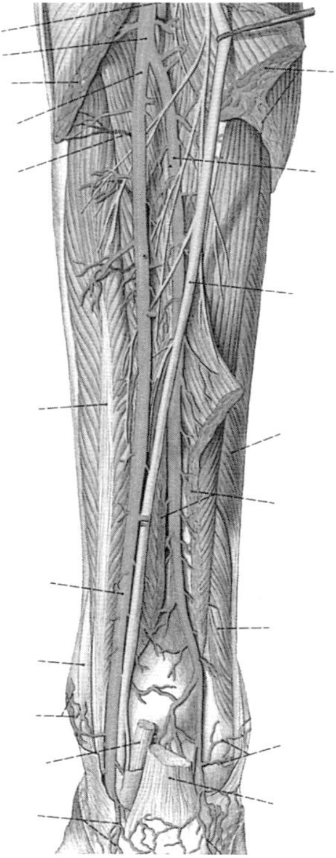

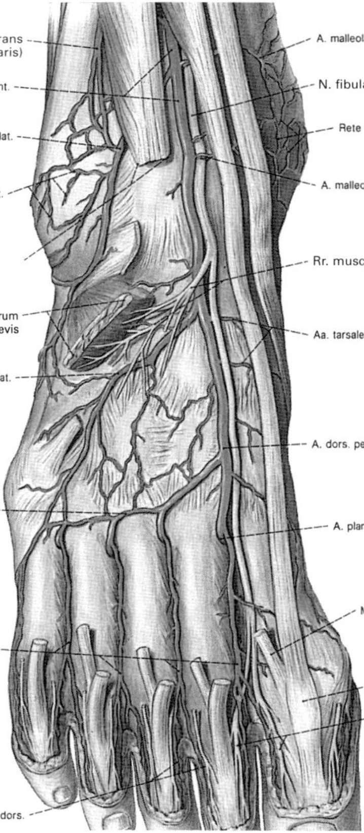

Arterien des rechten Fußrückens.

✔ → A. poplitea → A. tibialis anterior
→ A. dorsalis pedis
A. tarsalis medialis
A. tarsalis lateralis
A. arcuata

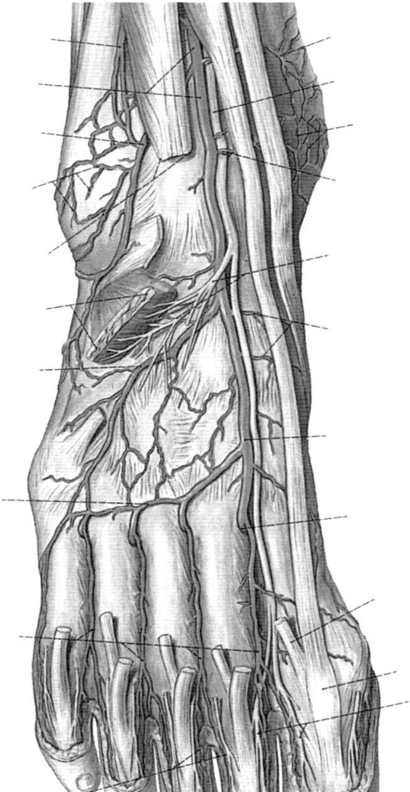

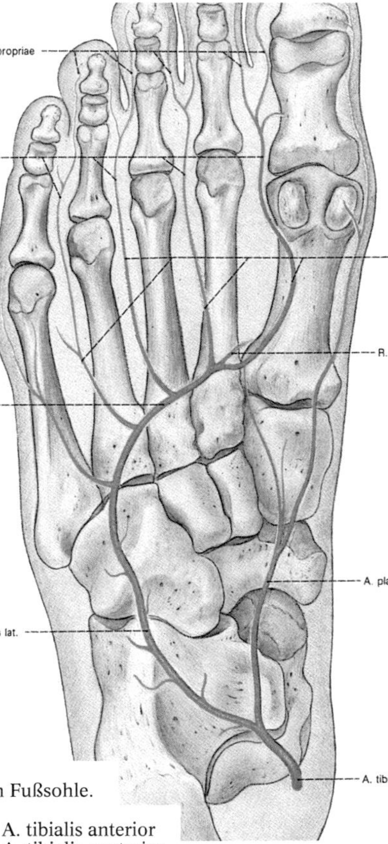

Arterien der rechten Fußsohle.

✔ → A. poplitea → A. tibialis anterior
→ A. tibialis posterior
→ A. plantaris medialis
→ A. plantaris lateralis
Arcus palmaris profundus
Aa. metatarsales plantares
Aa. digitales plantares communes
Aa. digitales plantares propriae

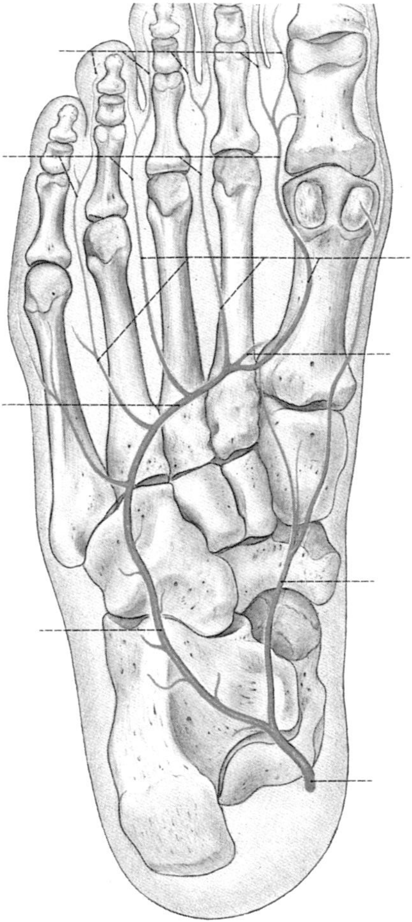

Arterien des Gesichts. Oberflächliche Schicht.

✔ Arcus aortae → A. carotis communis
- → A. carotis interna
- → A. carotis externa
  - A. thyroidea superior
  - A. pharyngea ascendens
  - A. lingualis
  - A. facialis
  - A. occipitalis
  - A. auricularis posterior
  - *Endäste:*
    - A. temporalis superficialis
    - A. maxillaris
      - *erster Abschnitt*
        - A. auricularis profunda
        - A. tympanica anterior
        - A. alveolaris inferior
        - A. meningea media
      - *zweiter Abschnitt*
        - A. masseterica
        - Aa. temporales profundae
        - A. buccalis
      - *dritter Abschnitt*
        - A. alveolaris superior posterior
        - A. infraorbitalis
        - A. palatina descendens
        - A. sphenopalatina
        - A. canalis pterygoidei

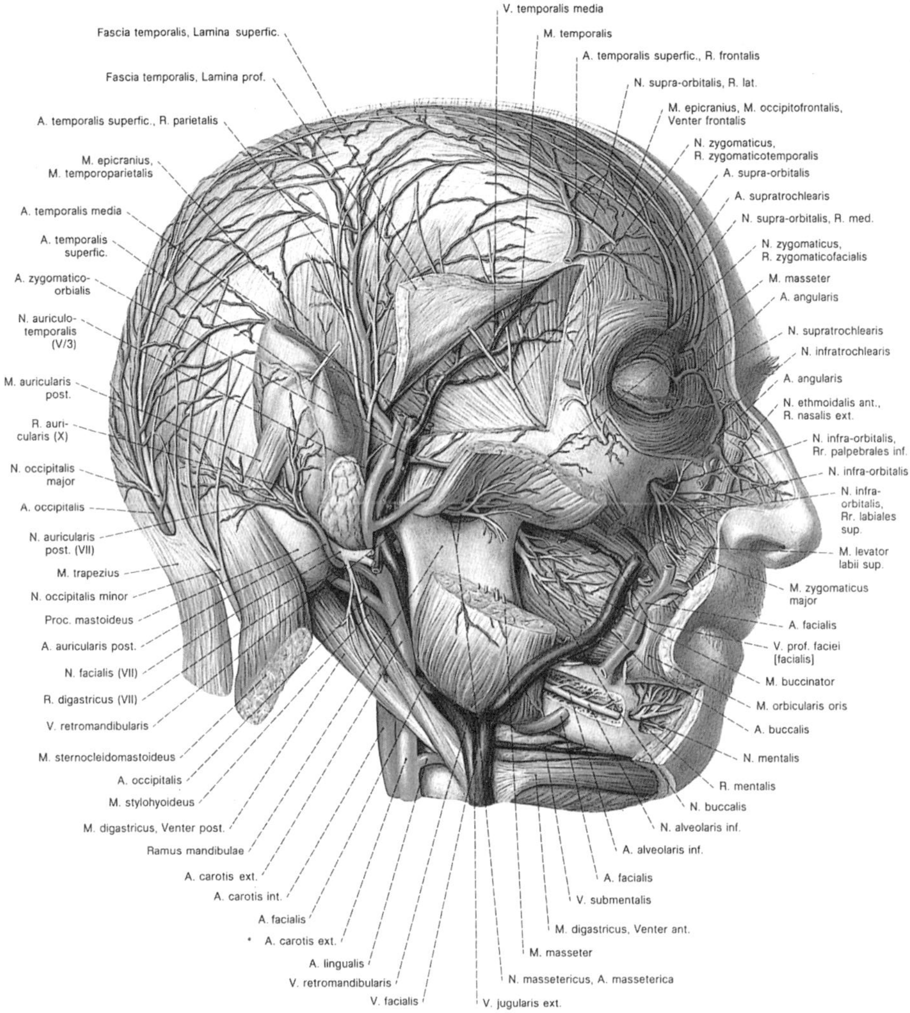

V. temporalis media
M. temporalis
A. temporalis superfic., R. frontalis
N. supra-orbitalis, R. lat.
M. epicranius, M. occipitofrontalis, Venter frontalis
N. zygomaticus, R. zygomaticotemporalis
A. supra-orbitalis
A. supratrochlearis
N. supra-orbitalis, R. med.
N. zygomaticus, R. zygomaticofacialis
M. masseter
A. angularis
N. supratrochlearis
N. infratrochlearis
A. angularis
N. ethmoidalis ant., R. nasalis ext.
N. infra-orbitalis, Rr. palpebrales inf.
N. infra-orbitalis
N. infra-orbitalis, Rr. labiales sup.
M. levator labii sup.
M. zygomaticus major
A. facialis
V. prof. faciei [facialis]
M. buccinator
M. orbicularis oris
A. buccalis
N. mentalis
R. mentalis
N. buccalis
N. alveolaris inf.
A. alveolaris inf.
A. facialis
V. submentalis
M. digastricus, Venter ant.
M. masseter
N. massetericus, A. masseterica
V. jugularis ext.
V. facialis
V. retromandibularis
A. lingualis
* A. carotis ext.
A. facialis
A. carotis int.
A. carotis ext.
Ramus mandibulae
M. digastricus, Venter post.
M. stylohyoideus
A. occipitalis
M. sternocleidomastoideus
V. retromandibularis
R. digastricus (VII)
N. facialis (VII)
A. auricularis post.
Proc. mastoideus
N. occipitalis minor
M. trapezius
N. auricularis post. (VII)
A. occipitalis
N. occipitalis major
R. auricularis (X)
M. auricularis post.
N. auriculotemporalis (V/3)
A. zygomatico-orbialis
A. temporalis superfic.
A. temporalis media
M. epicranius, M. temporoparietalis
A. temporalis superfic., R. parietalis
Fascia temporalis, Lamina prof.
Fascia temporalis, Lamina superfic.

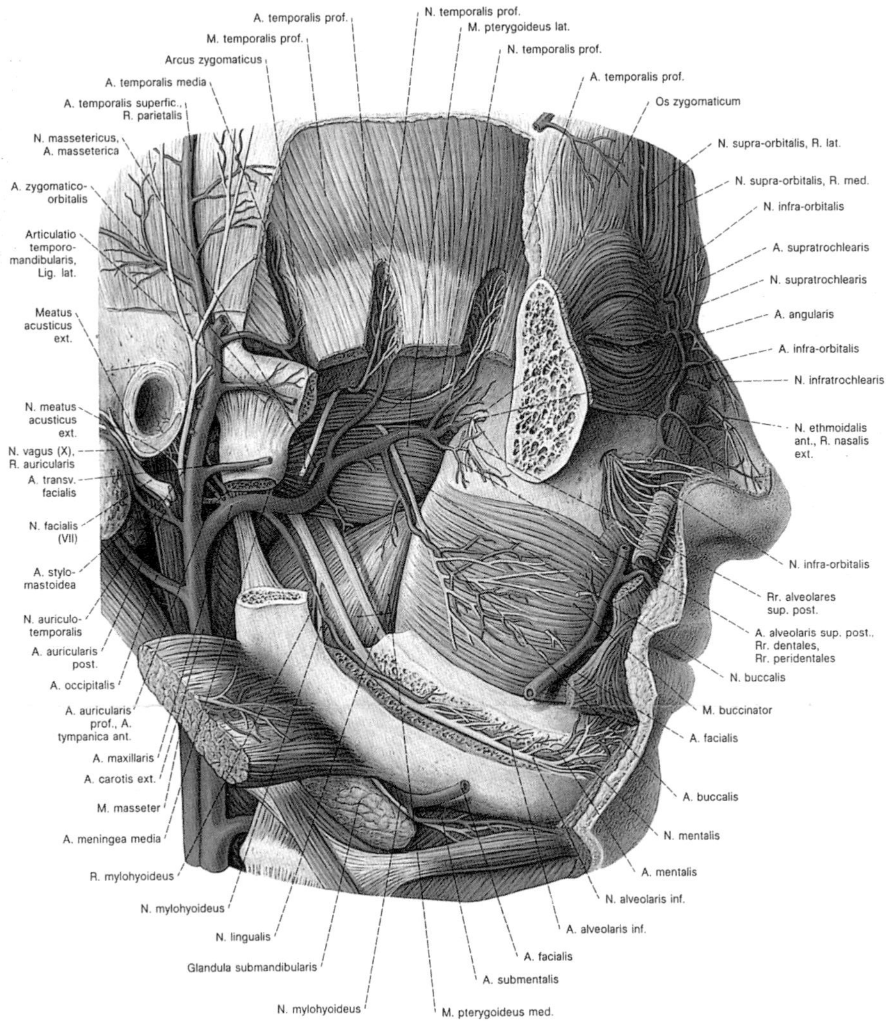

Arterien des Gesichts. Tiefe Schicht.
Äste der A. maxillaris siehe Karte 91.

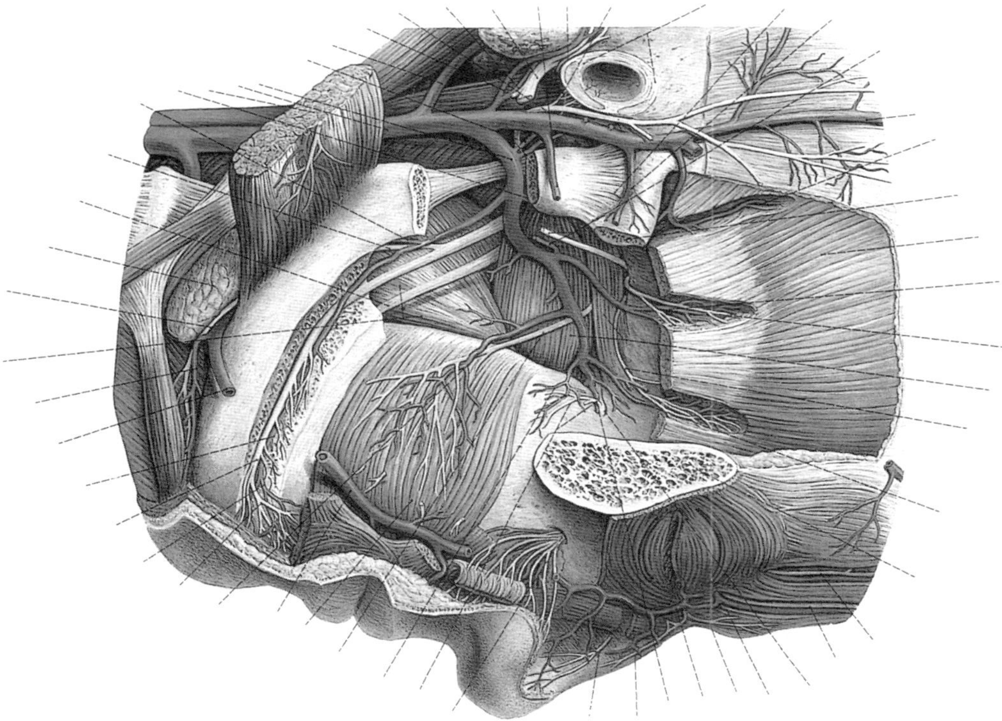

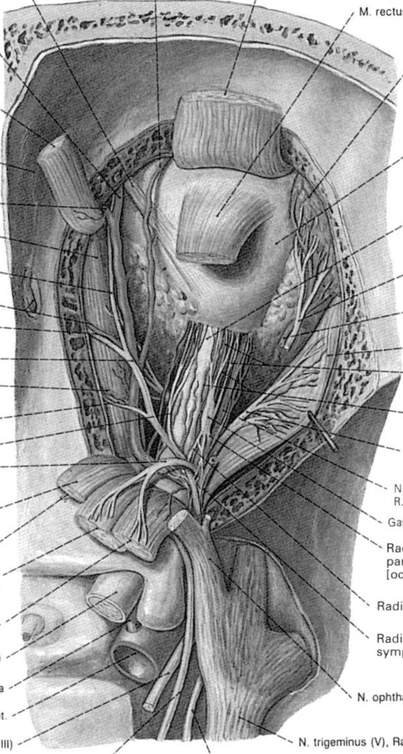

Arterien der rechten Augenhöhle.

✔ Arcus aortae ➔ A. carotis communis
➔ A. carotis externa
➔ A. carotis interna ➔ A. ophthalmica

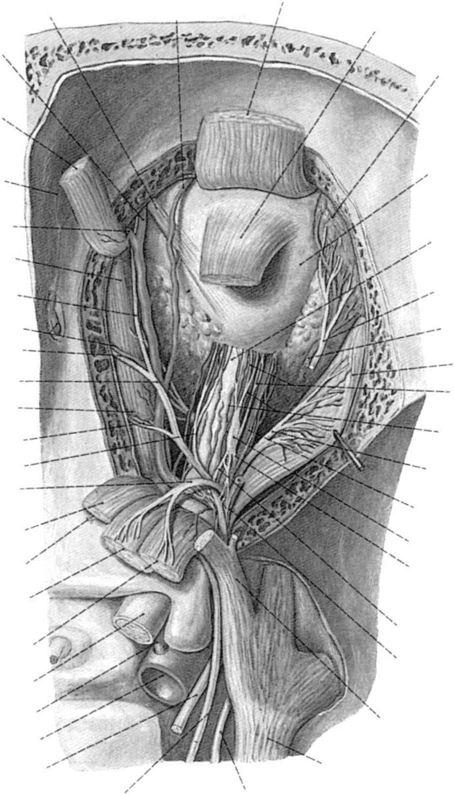

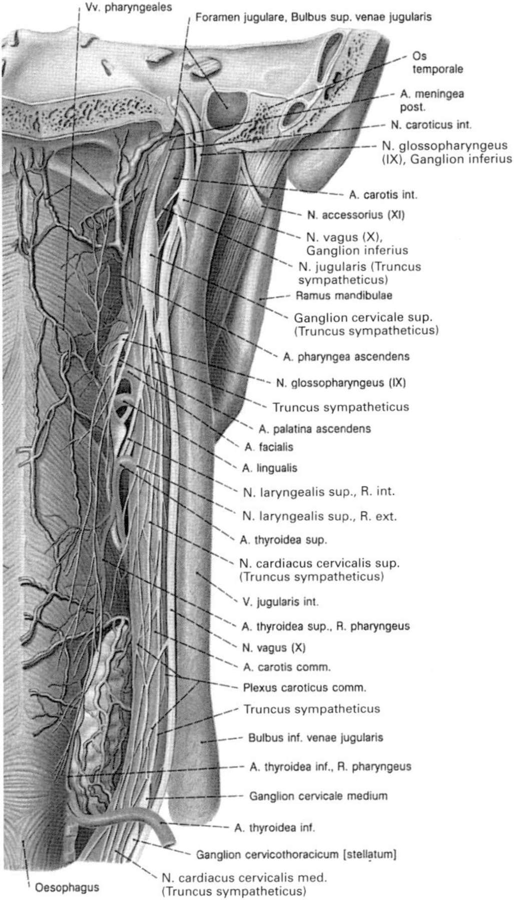

Arterien der rechten Halsseite. Ansicht von dorsal.

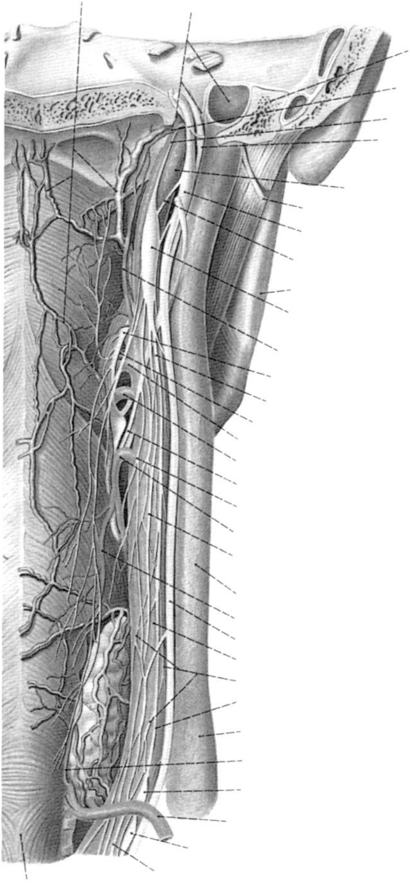

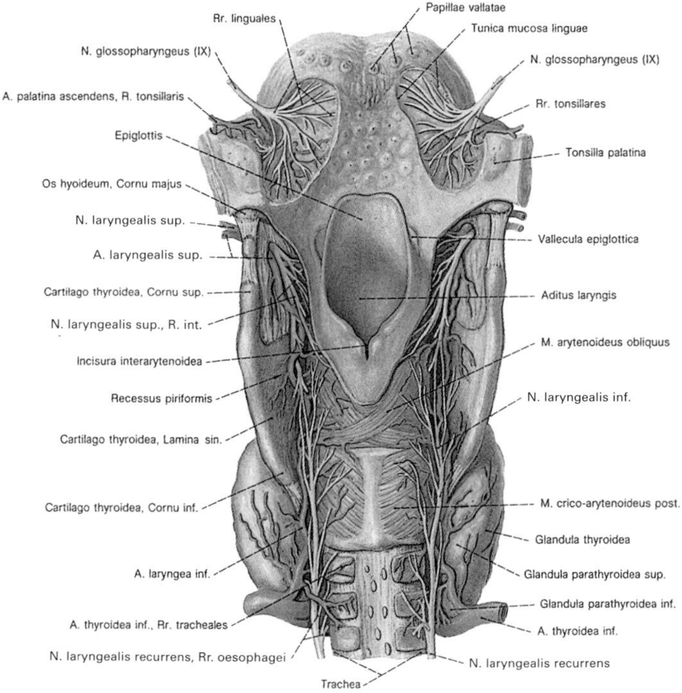

Arterien zur Versorgung des Larynx. Ansicht von dorsal.

→ A. laryngea superior aus der A. thyroidea superior (A. carotis externa)!
→ A. laryngea inferior aus der A. thyroidea inferior (A. subclavia)!

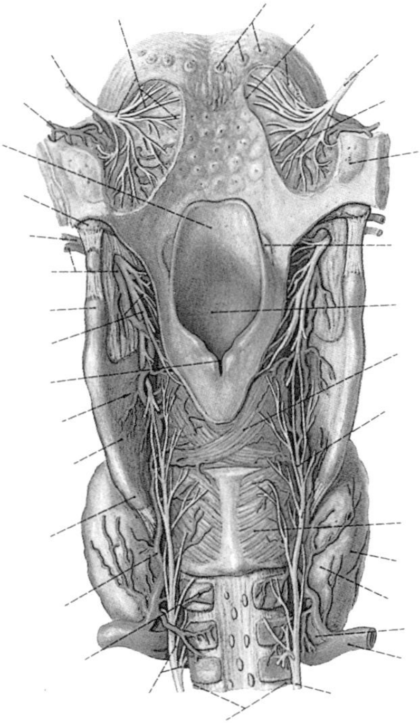

Arterien an der Beugeseite des linken Oberarms.

✔ Arcus aortae ➔ A. subclavia ➔ A. axillaris ➔ A. brachialis

✔ A. brachialis
- ➔ A. profunda brachii
  - Ramus deltoideus
  - A. collateralis media
  - A. collateralis radialis
- ➔ A. collateralis ulnaris superior
- ➔ A. collateralis ulnaris inferior

Endäste:
- ➔ A. radialis
- ➔ A. ulnaris
  - A. interossea communis
  - A. interossea anterior
  - A. interossea posterior

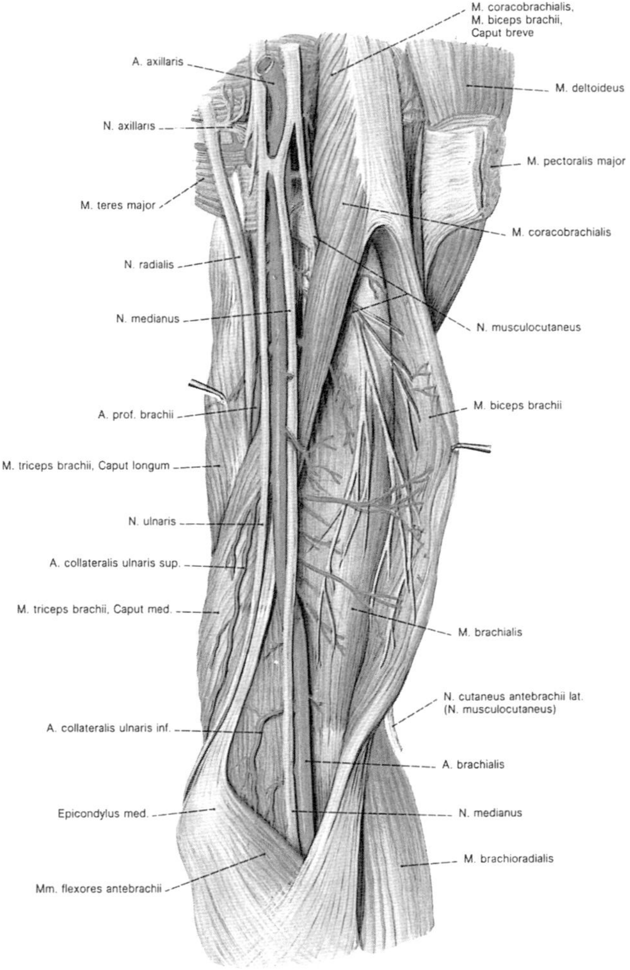
M. coracobrachialis,
M. biceps brachii,
Caput breve
A. axillaris
M. deltoideus
N. axillaris
M. pectoralis major
M. teres major
M. coracobrachialis
N. radialis
N. medianus
N. musculocutaneus
A. prof. brachii
M. biceps brachii
M. triceps brachii, Caput longum
N. ulnaris
A. collateralis ulnaris sup.
M. triceps brachii, Caput med.
M. brachialis
N. cutaneus antebrachii lat.
(N. musculocutaneus)
A. collateralis ulnaris inf.
A. brachialis
Epicondylus med.
N. medianus
M. brachioradialis
Mm. flexores antebrachii

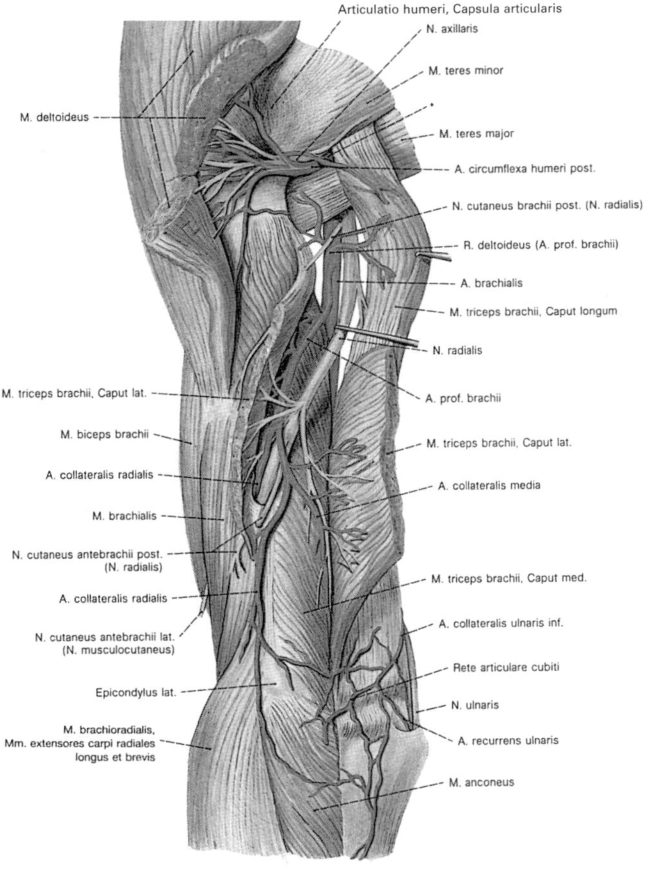

Arterien an der Streckseite des linken Oberarms.
* laterale Achsellücke

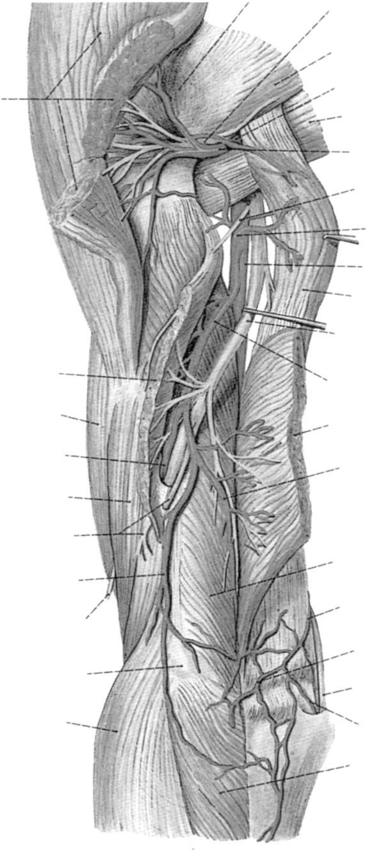

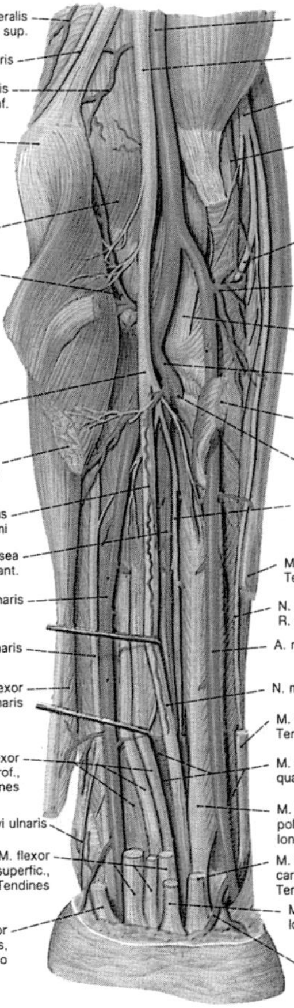

Arterien an der Beugeseite des linken Unterarms.

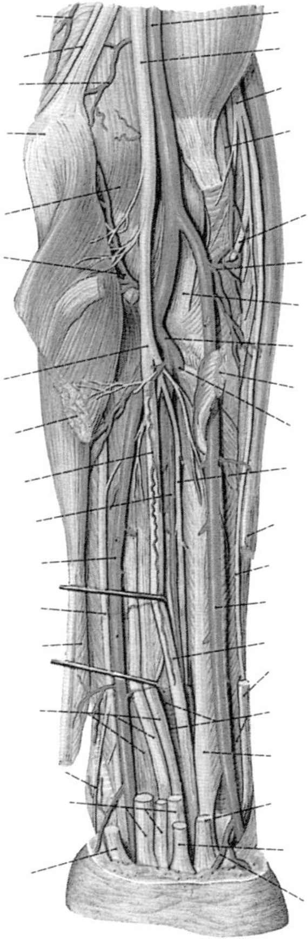

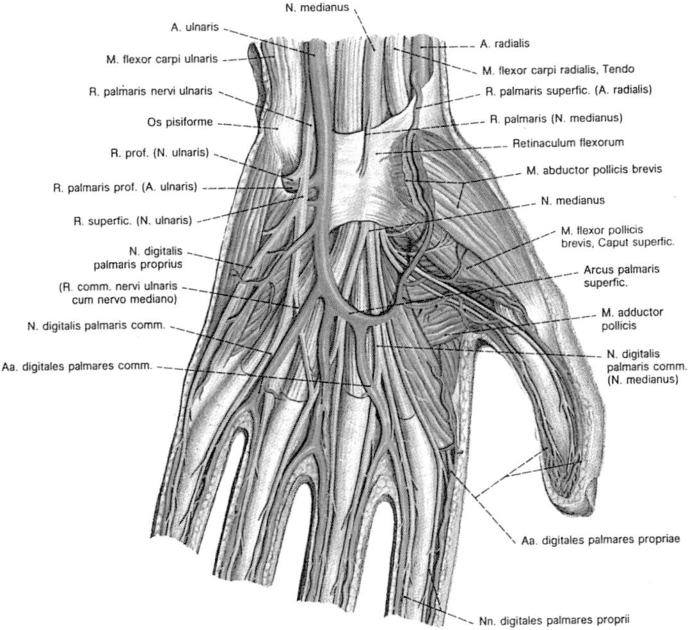

Oberflächlicher Hohlhandbogen, Arcus palmaris superficialis.

✔ A. brachialis

Endäste:

→ A. radialis → Arcus palmaris profundus

→ A. ulnaris → Arcus palmaris superficialis

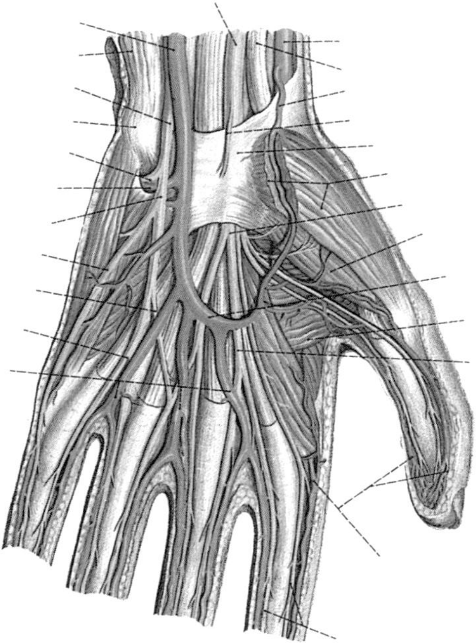

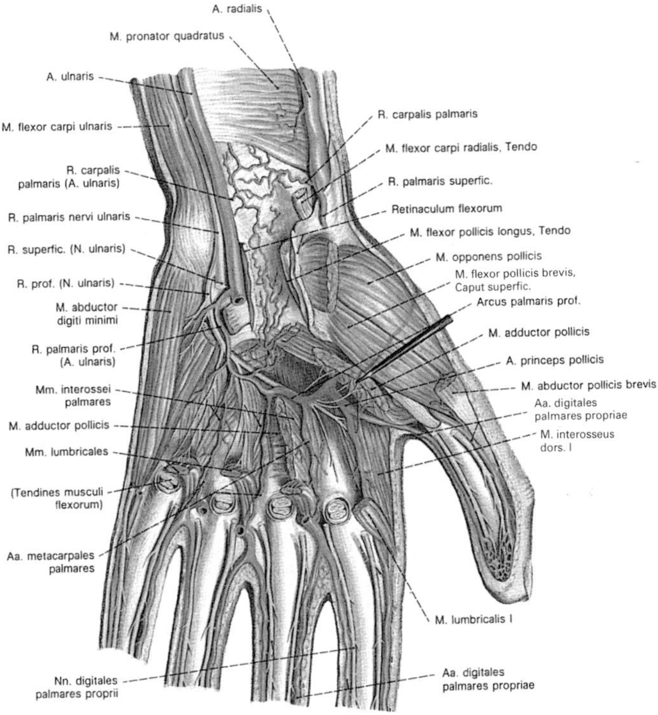

Tiefer Hohlhandbogen, Arcus palmaris profundus.

✔ A. brachialis
Endäste:
➔ A. radialis ➔ Arcus palmaris profundus
➔ A. ulnaris ➔ Arcus palmaris superficialis

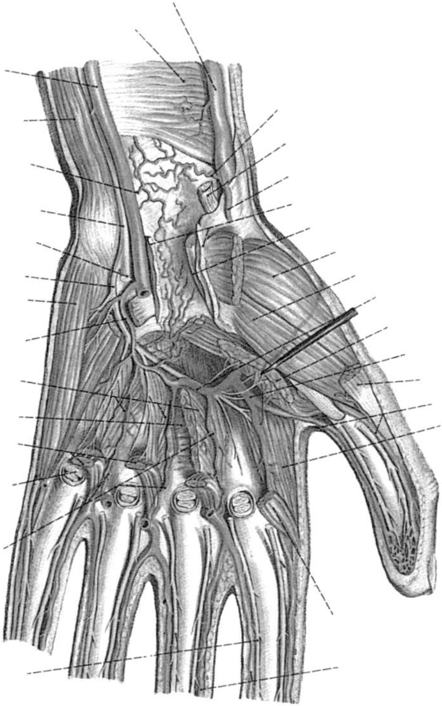

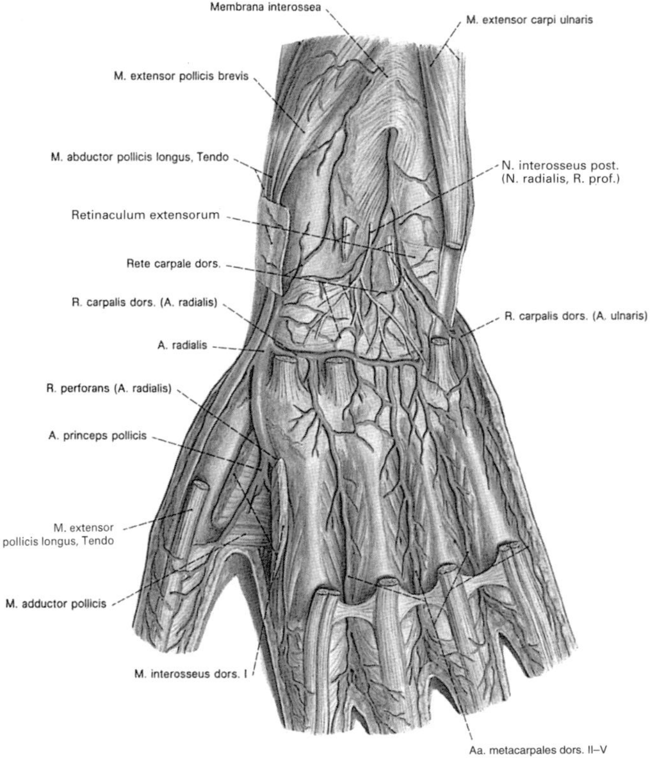

Arterien des linken Handrückens.

✔ A. brachialis
→ A. radialis → Arcus palmaris profundus
A. carpalis dorsalis
A. princeps pollicis

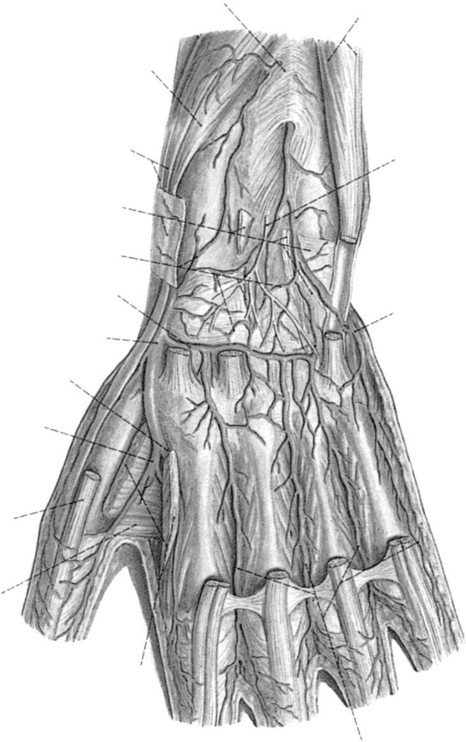

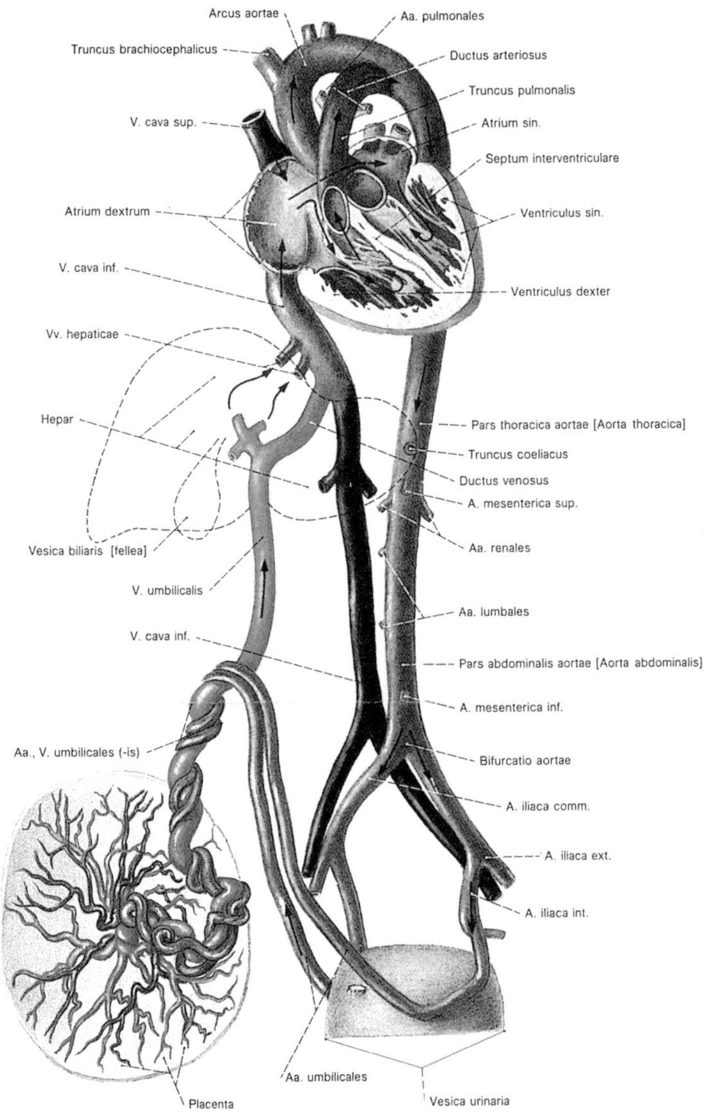

Schema des embryonalen Kreislaufs.
Physiologische Shunts im Embryonalkreislauf:
– Ductus venosus Arantii
– Ductus arteriosus Botalli
– offenes Foramen ovale

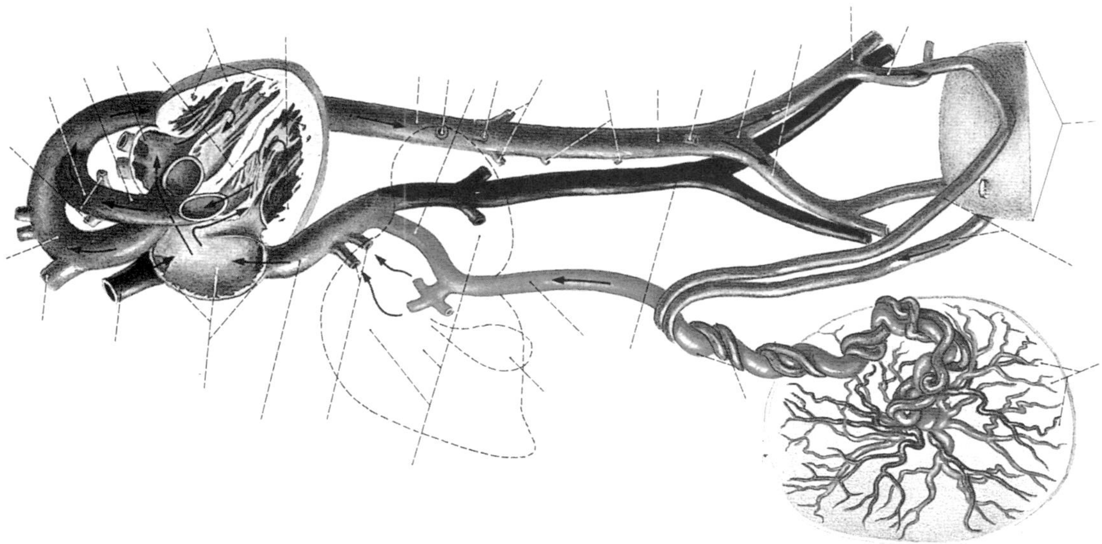

Venen des Herzens.
A Dorsalansicht; B Seitansicht des Herzens von links.

✓ Vv. cordis → Sinus coronarius → V. coronaria sin.
→ V. interventricularis post.
→ V. coronaria dextra
→ Atrium dextrum → Vv. cardiacae anteriores
→ Vv. cardiacae minimae (=Thebesische Venen)

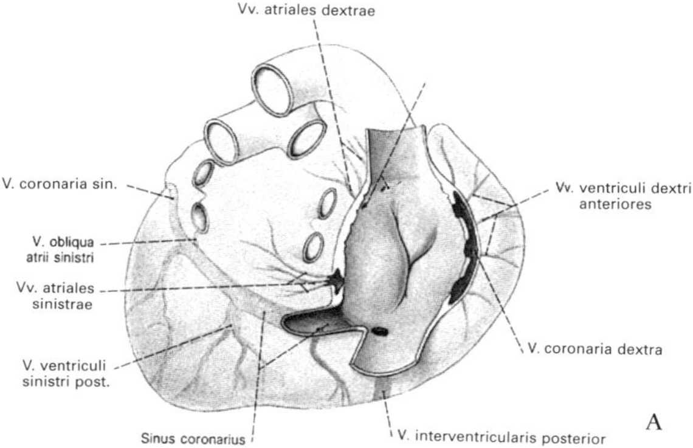

Vv. atriales dextrae
V. coronaria sin.
Vv. ventriculi dextri
anteriores
V. obliqua
atrii sinistri
Vv. atriales
sinistrae
V. coronaria dextra
V. ventriculi
sinistri post.
Sinus coronarius
V. interventricularis posterior

A

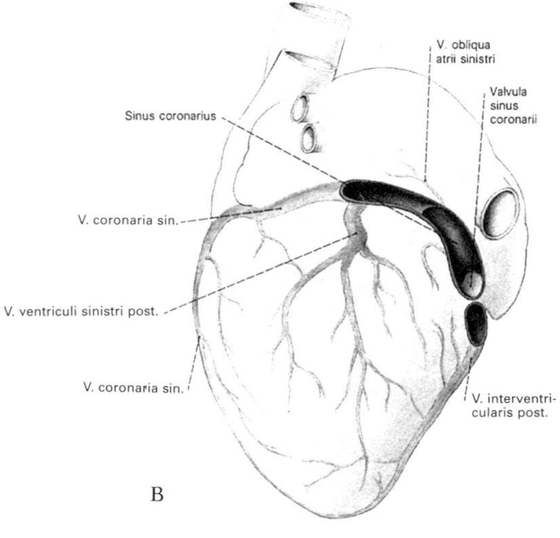

V. obliqua
atrii sinistri
Valvula
sinus
coronarii
Sinus coronarius
V. coronaria sin.
V. ventriculi sinistri post.
V. coronaria sin.
V. interventri-
cularis post.

B

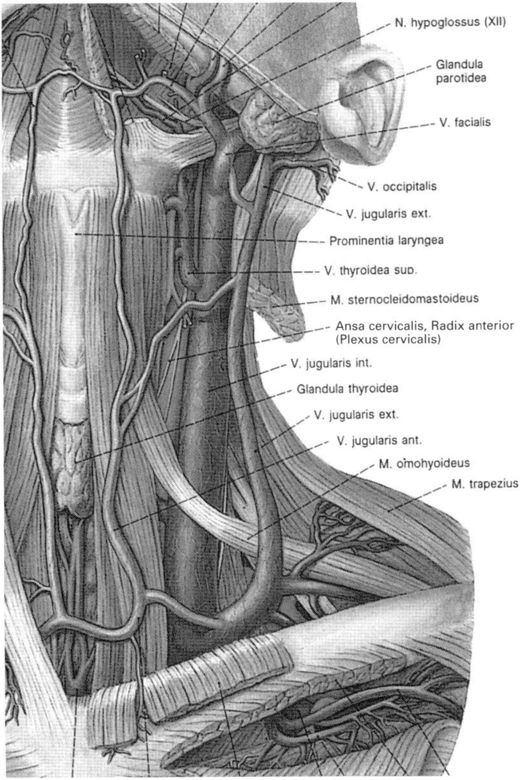

Oberflächliche Venen der vorderen linken Halsregion.

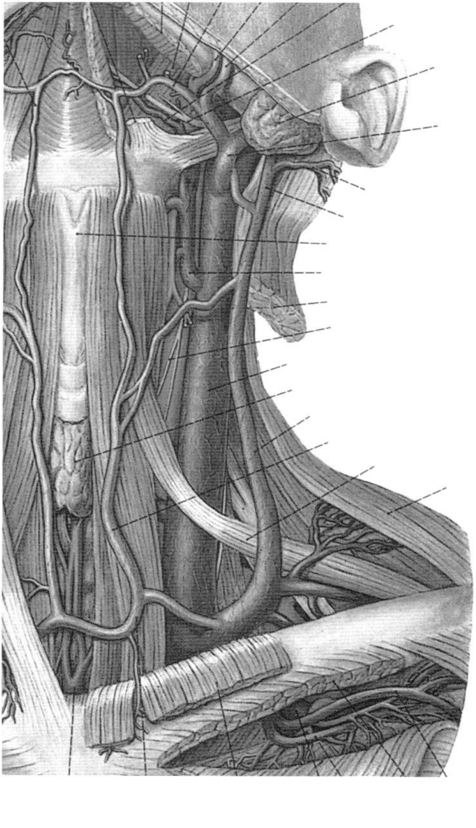

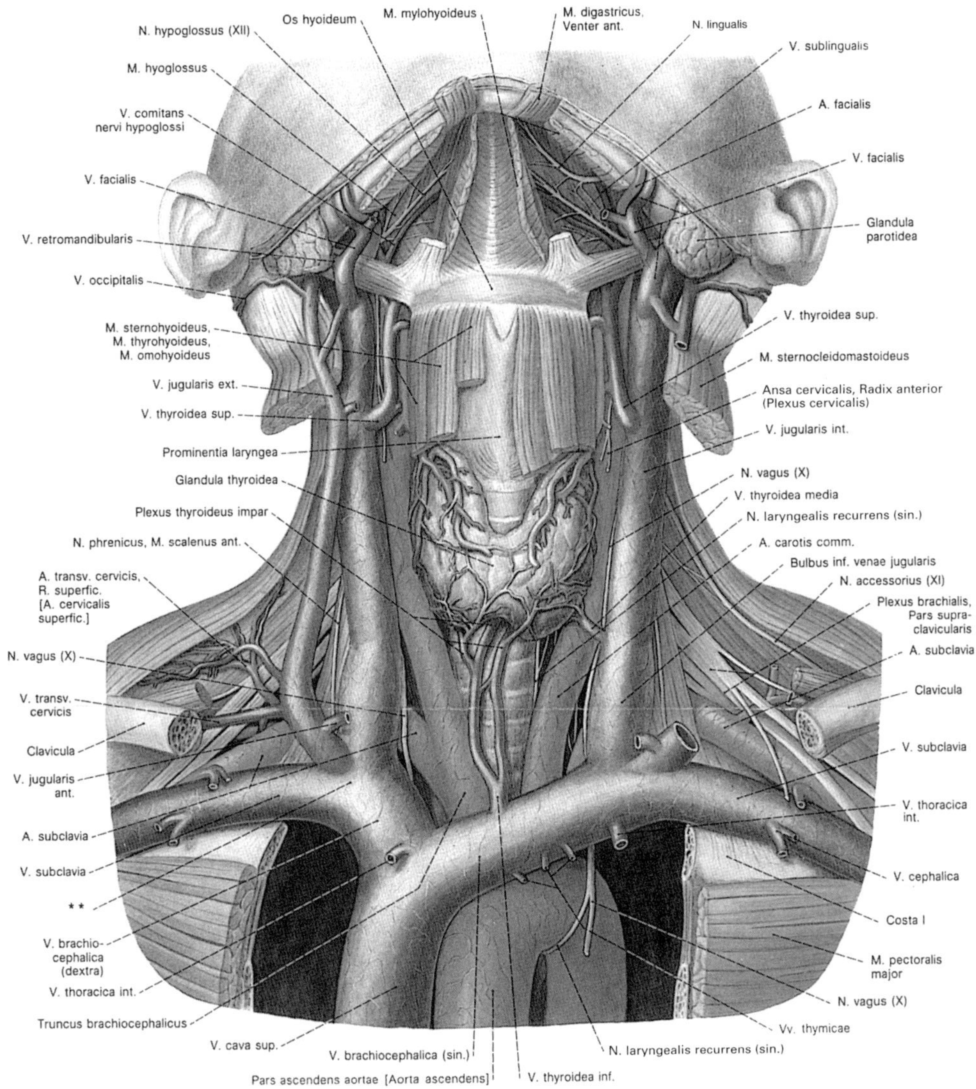

Tiefe Venen der Halsregion.
** Der Zusammenfluß von V. jugularis interna und V. subclavia wird als Venenwinkel bezeichnet.

V. jugularis externa ➔ V. jugularis interna
➔ V. brachiocephalica
V. subclavia

✎ *Topographischer Hinweis:*
Der Ductus thoracicus mündet von hinten in den linken Venenwinkel, der Ductus lymphaticus dexter in den rechten Venenwinkel.

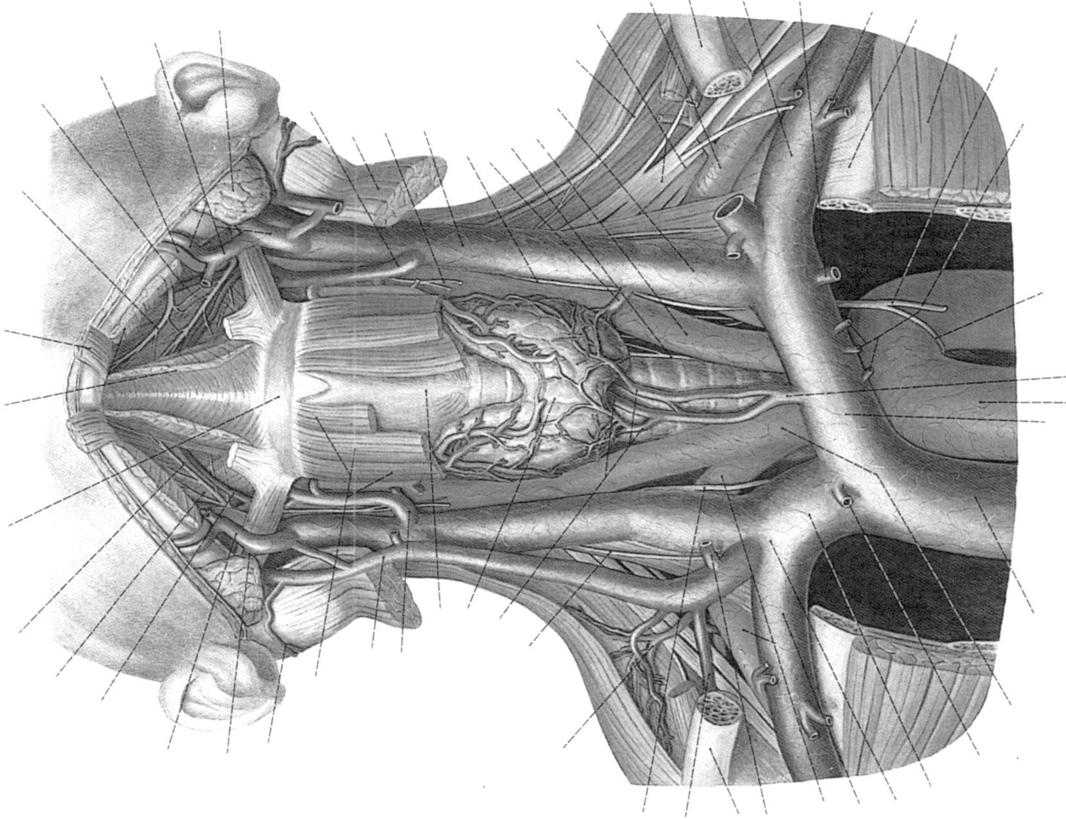

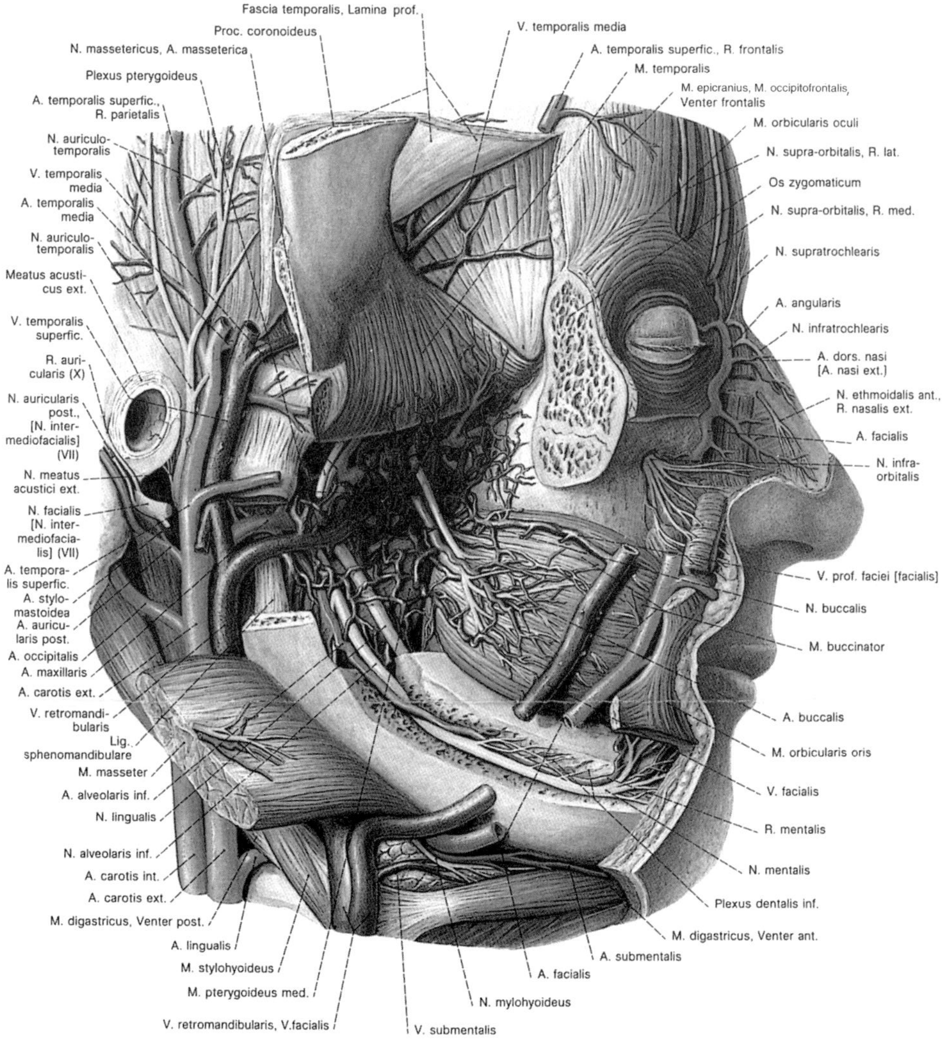

Venen des Gesichts und Plexus pterygoideus.

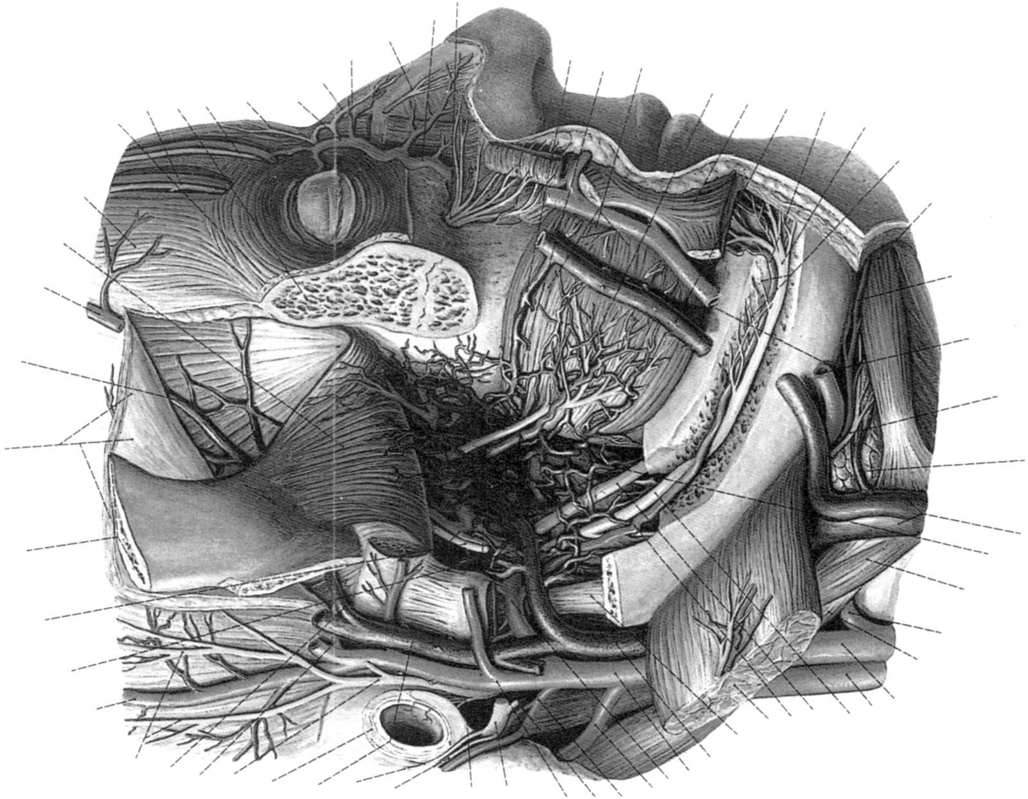

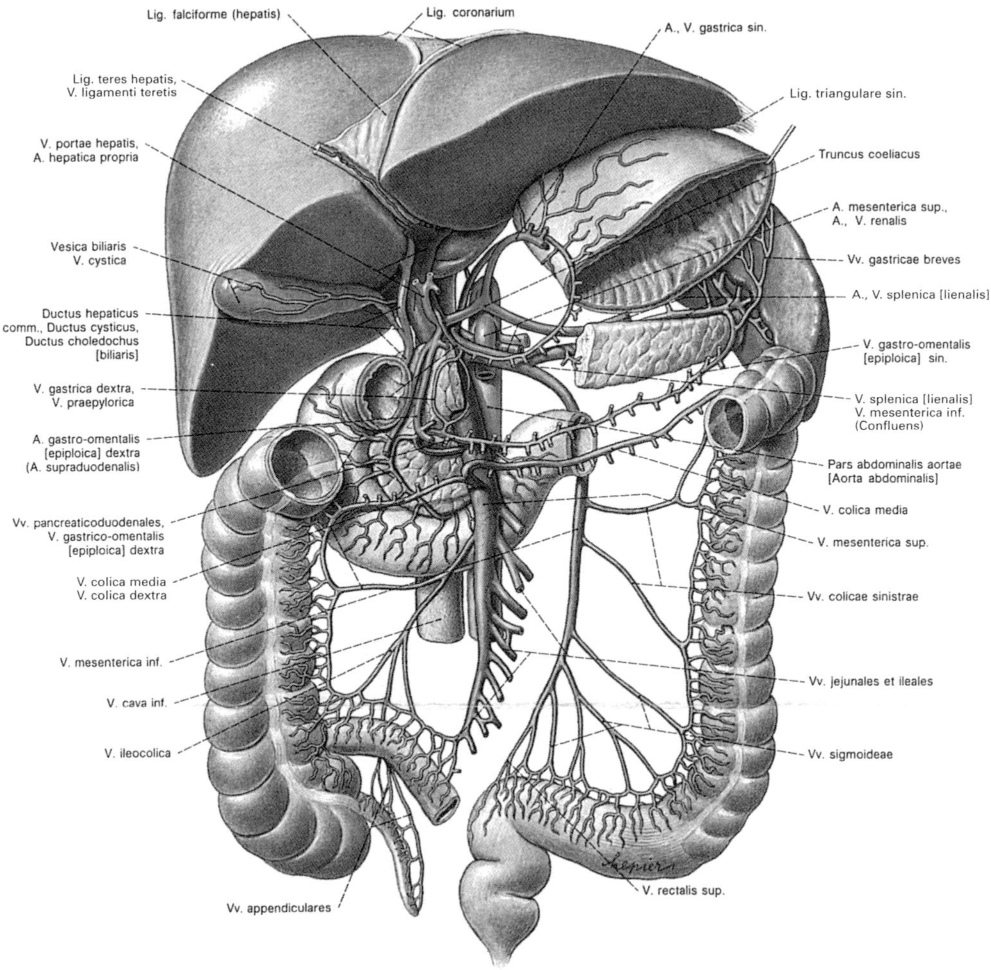

Stämme der Pfortader, Vena portae (hepatis)

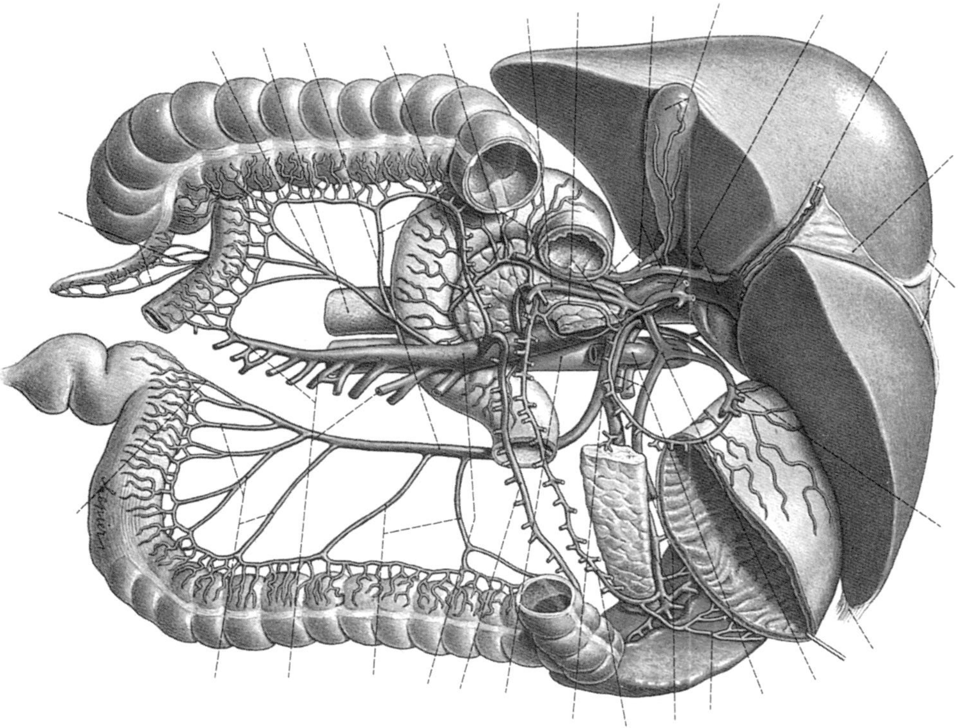

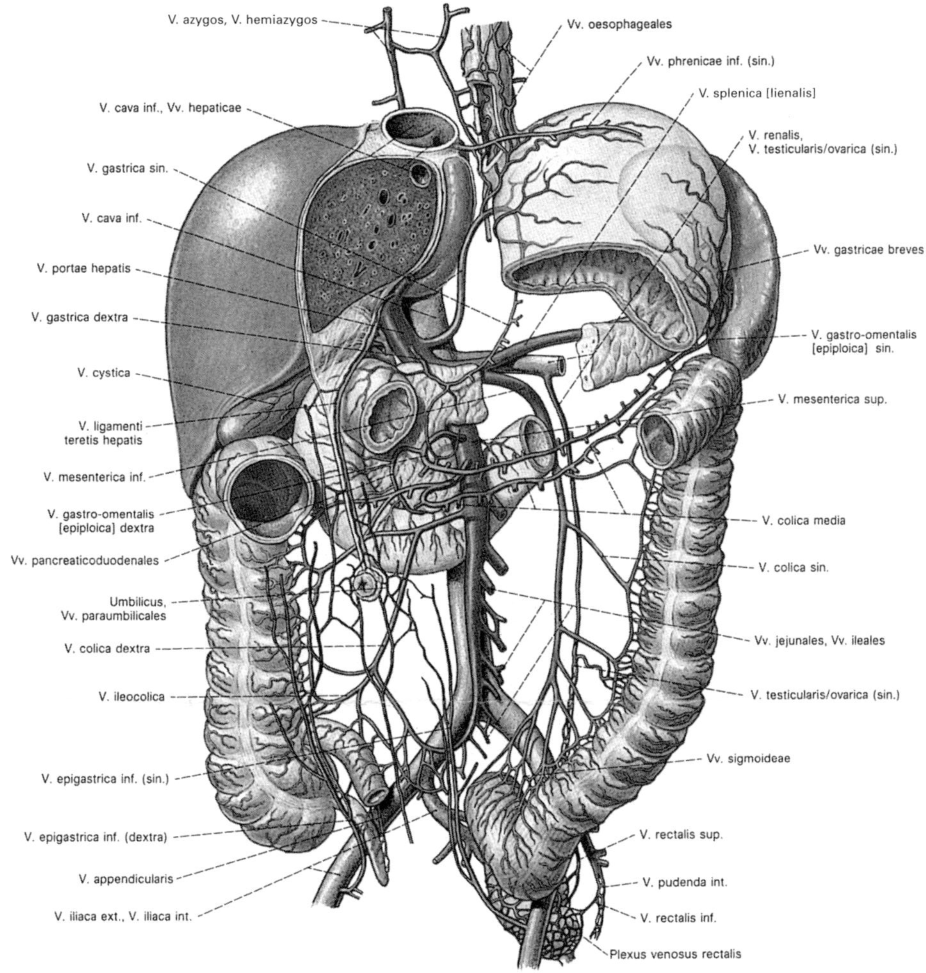

Portokavale Anastomosen.

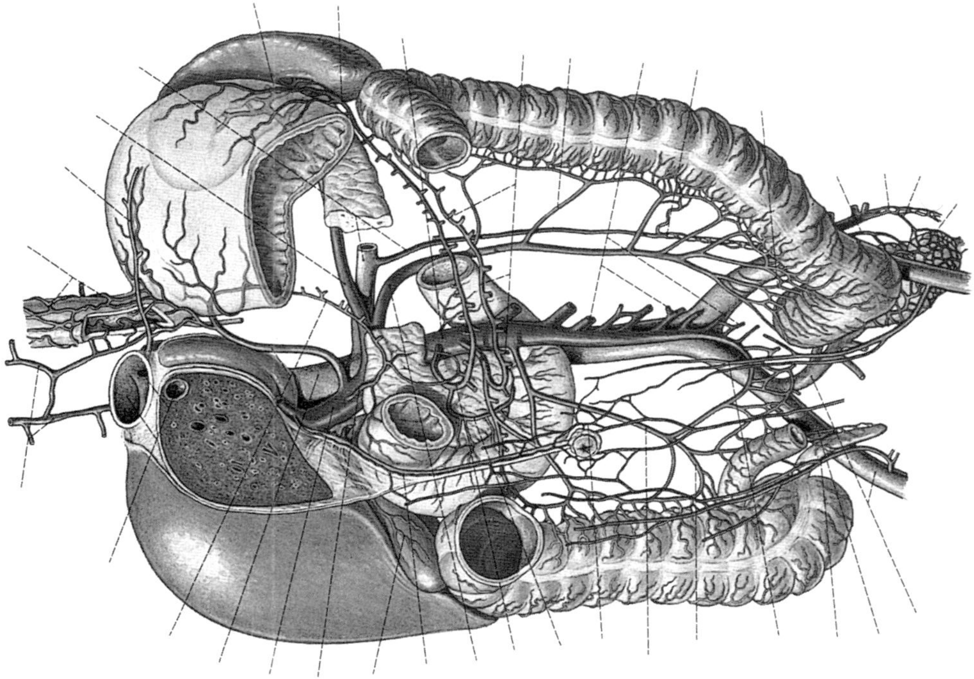

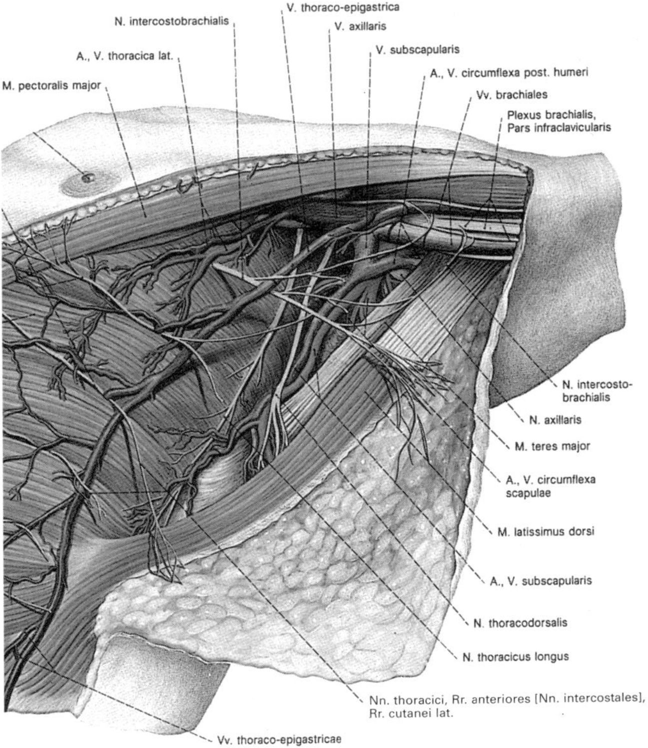

Leitungsbahnen in der linken Achselhöhle.

✔ V. brachialis → V. axillaris → V. subclavia
→ V. thoracica lateralis
→ Vv. thoraco-epigastricae
→ V. cephalica
→ V. brachialis lateralis

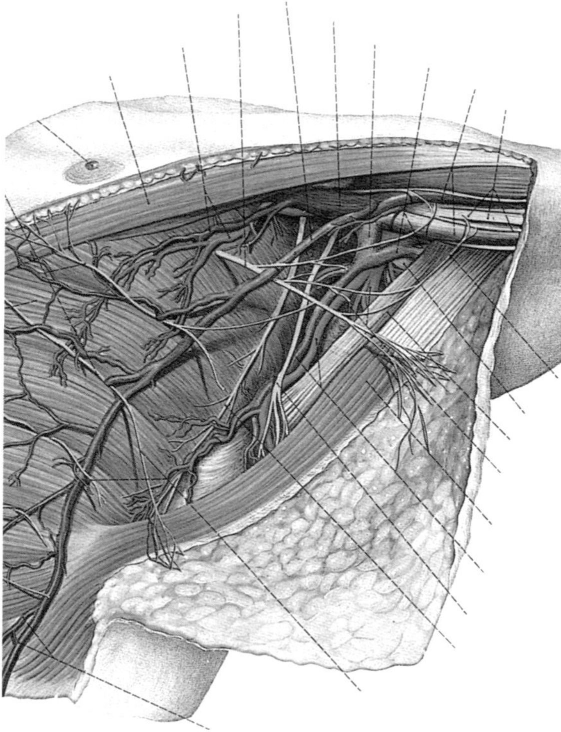

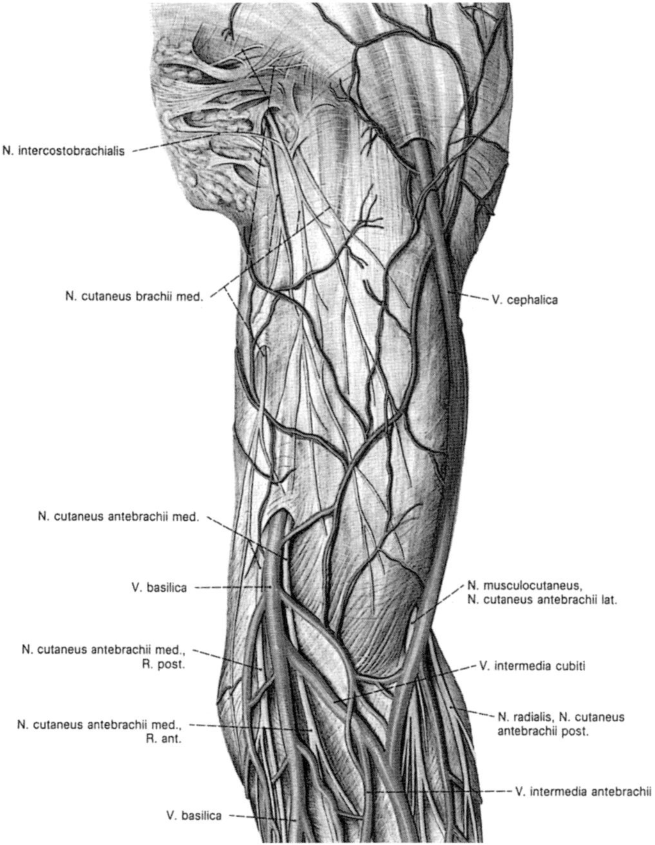

Epifasziale Venen der Beugeseite des linken Oberarms.

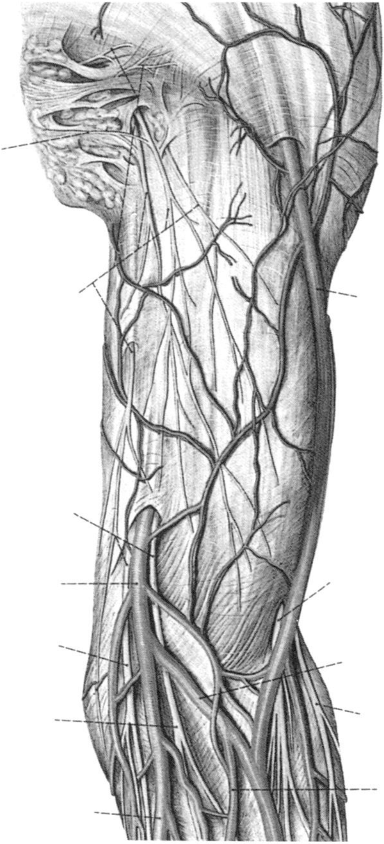

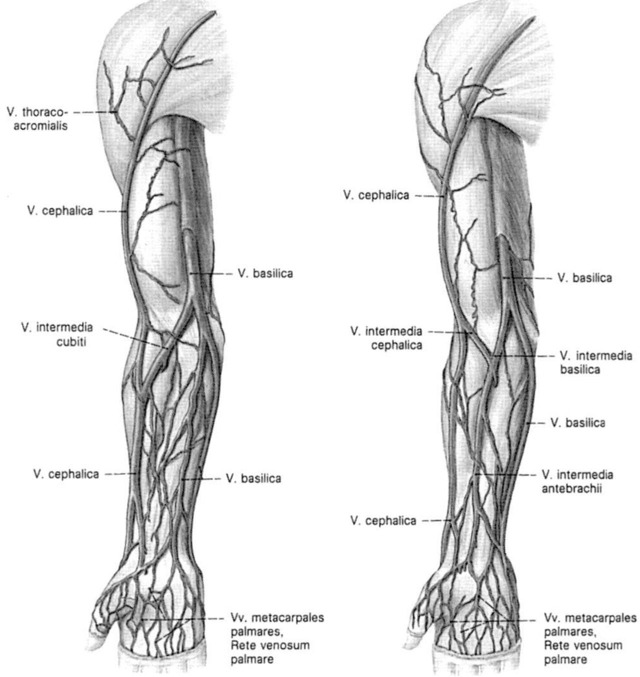

Varietäten der epifaszialen Venen des Oberarms.

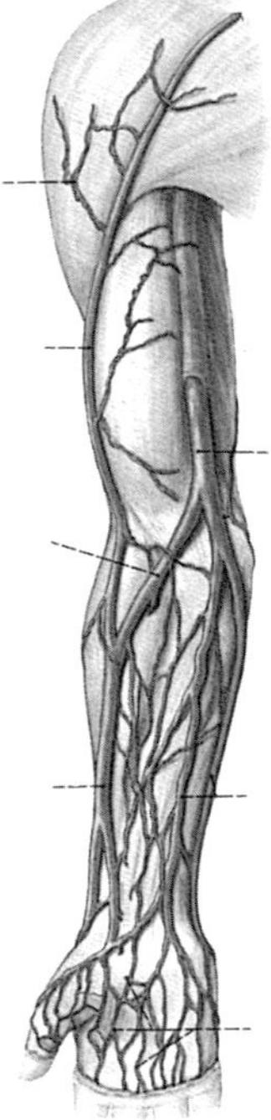

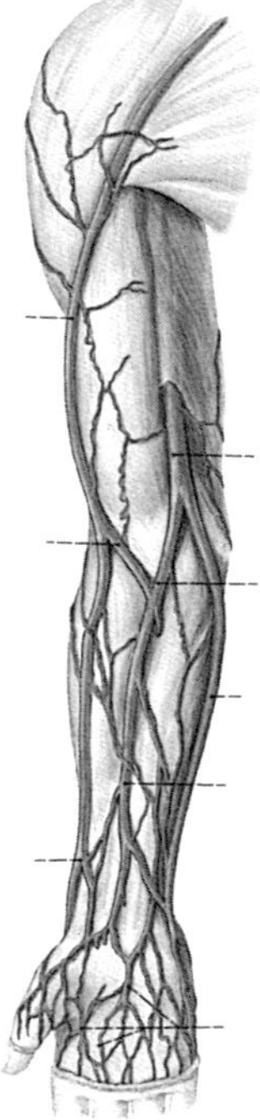

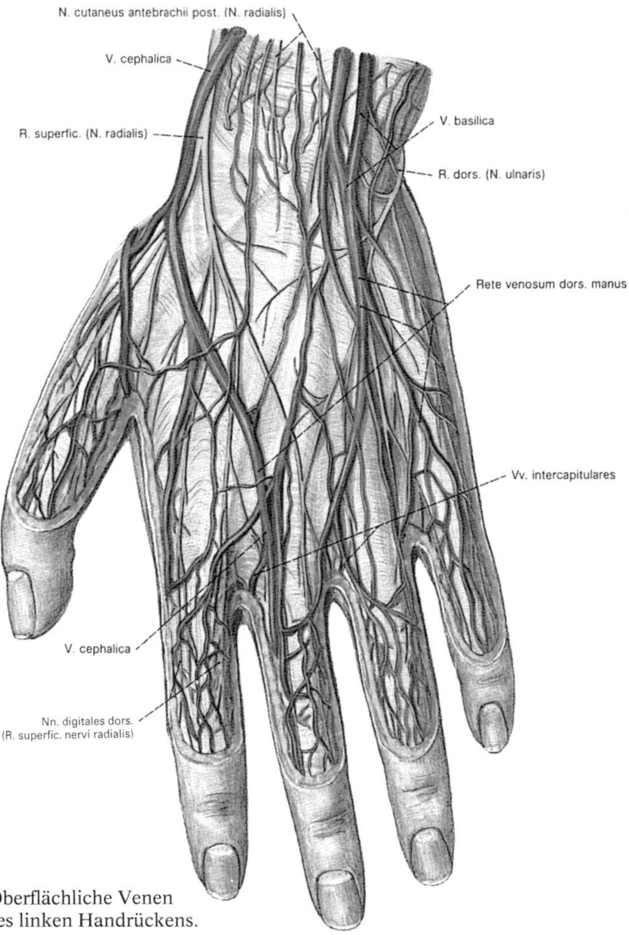

Oberflächliche Venen
des linken Handrückens.

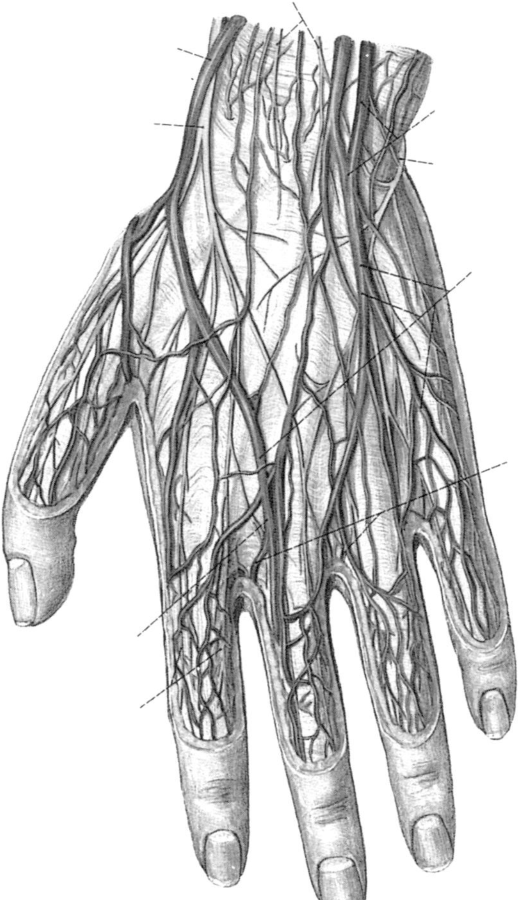

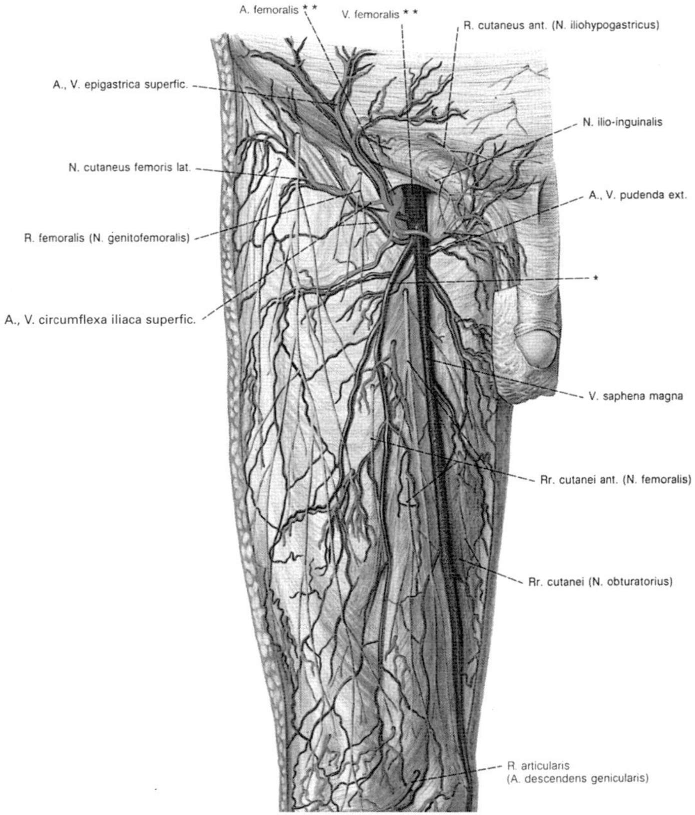

Oberflächliche Venen an der Vorderseite des linken Oberschenkels.
* V. saphena accessoria lateralis
** A./V. femoralis superficialis (klinische Bezeichnung)

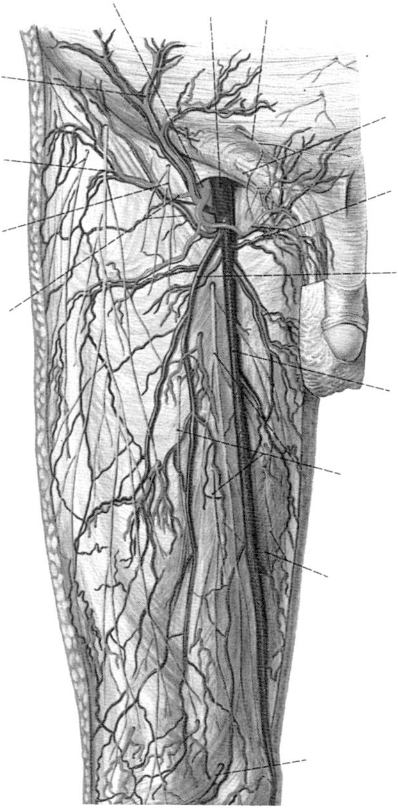

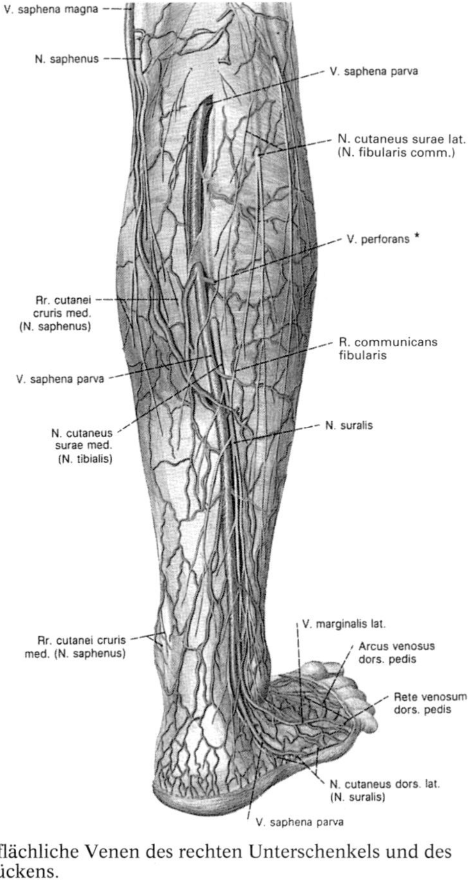

Oberflächliche Venen des rechten Unterschenkels und des Fußrückens.

* Klinisch auch als MAYsche Vene bezeichnet.

✎ *Topographischer Hinweis:*
Die V. saphena parva mündet in die V. poplitea, die V. saphena magna in die V. femoralis.

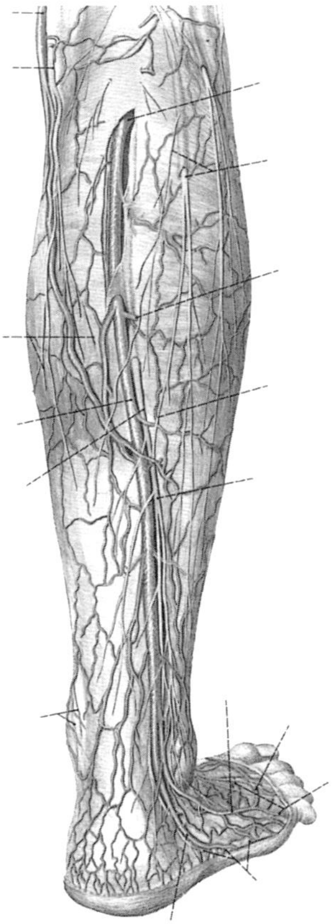

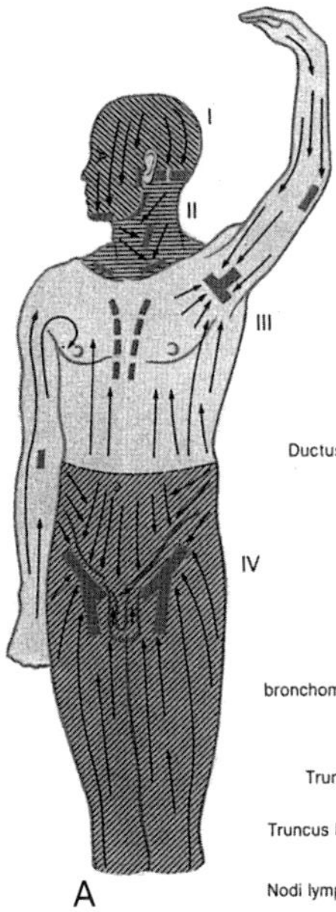

A

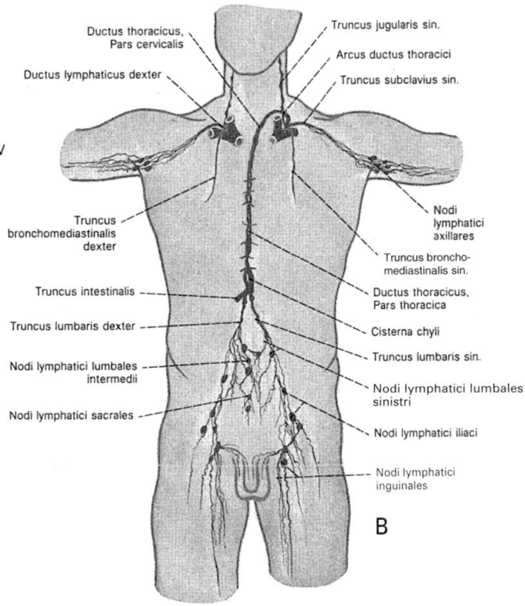

B

Schematische Darstellung wichtiger Lymphknotengruppen (A) und der Hauptlymphgefäßstämme (B).
Nodi regionales I = Caput
II = Collum
III = Thorax, <u>obere Extremität</u>
IV = Abdomen, <u>untere Extremität</u>

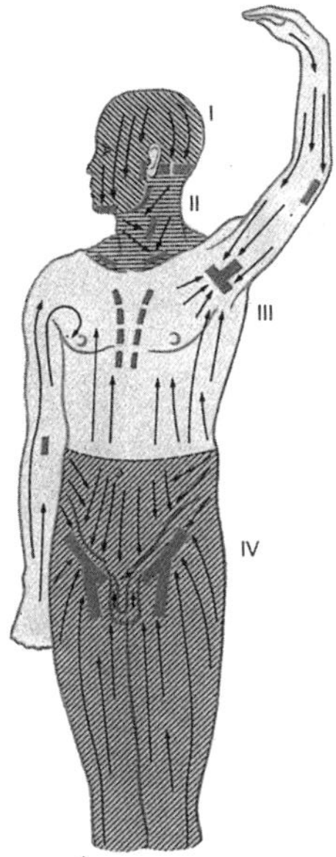

A

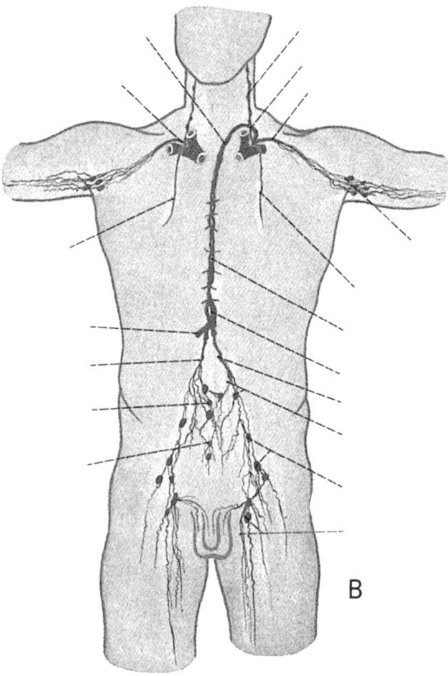

B

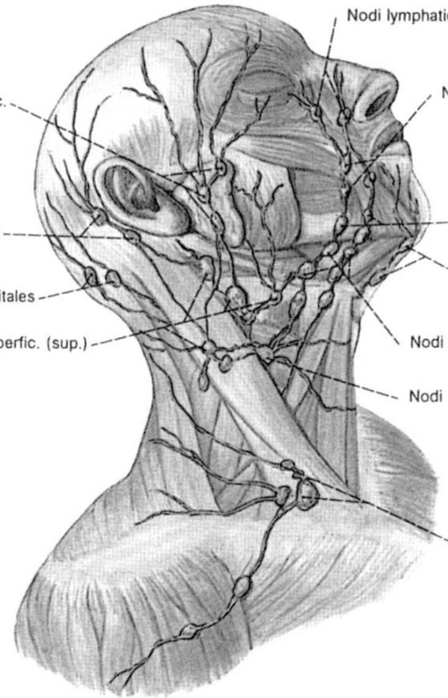

Oberflächliche Lymphknoten und Lymphwege im Kopf-, Nacken- und Halsbereich.

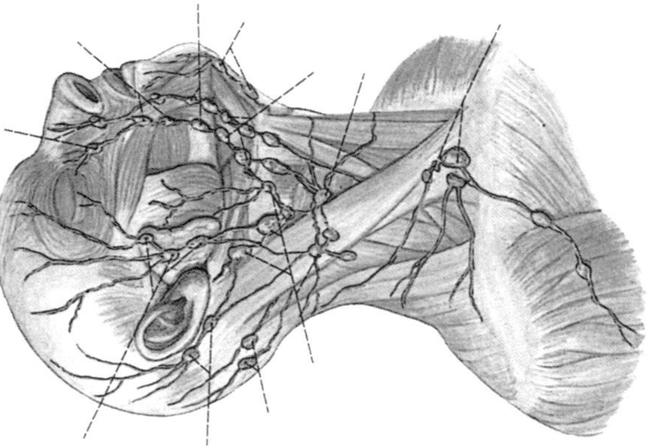

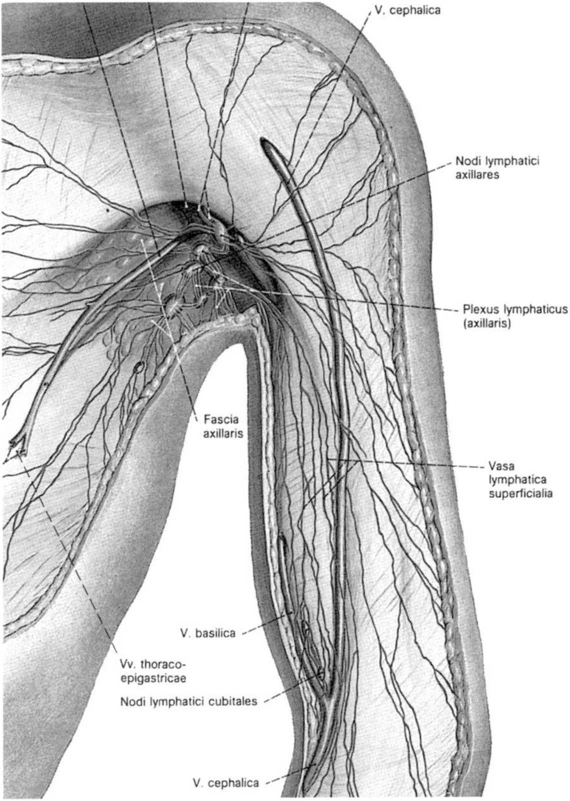

Oberflächliche Lymphknoten und Lymphwege im Arm-, Brustwand- und Achselbereich.

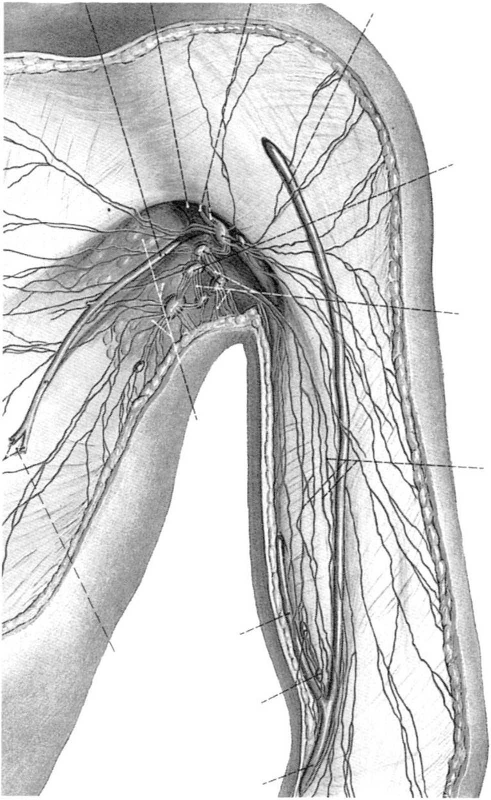

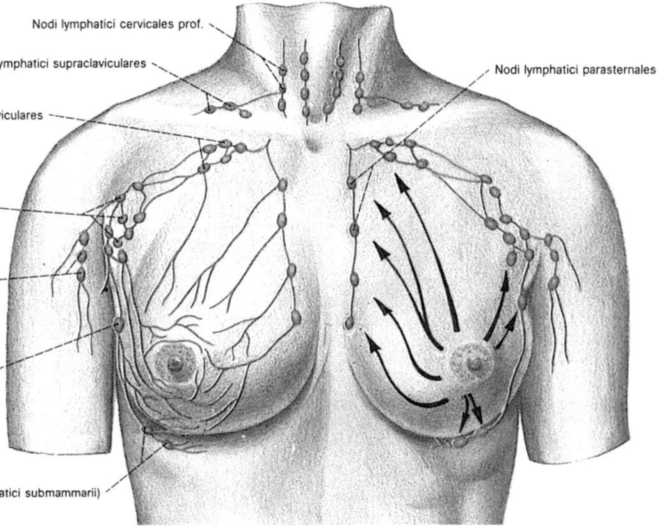

Lymphabflußwege der weiblichen Brust.

✎ *Topographisch-klinischer Hinweis:*
Vier Hauptabflußwege:
- → infra- und supraklavikuläre Lymphknoten
- → axilläre Lymphknoten
- → parasternale Lymphknoten
- → transdiaphragmal ins Abdomen

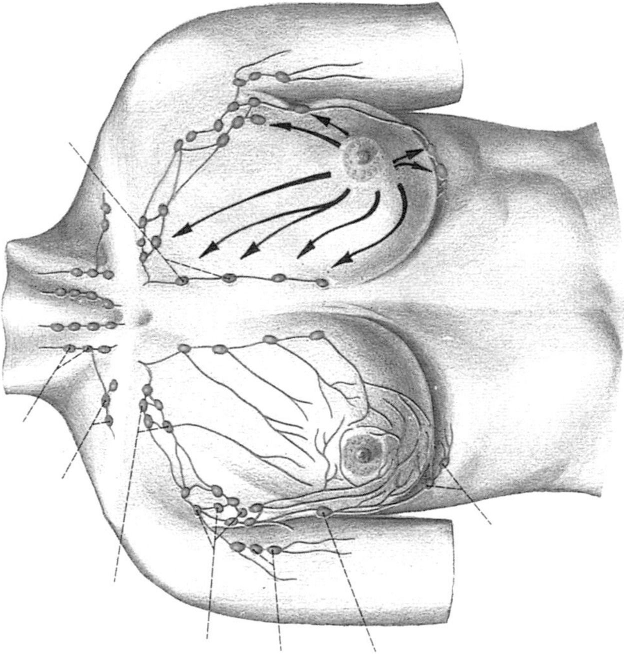

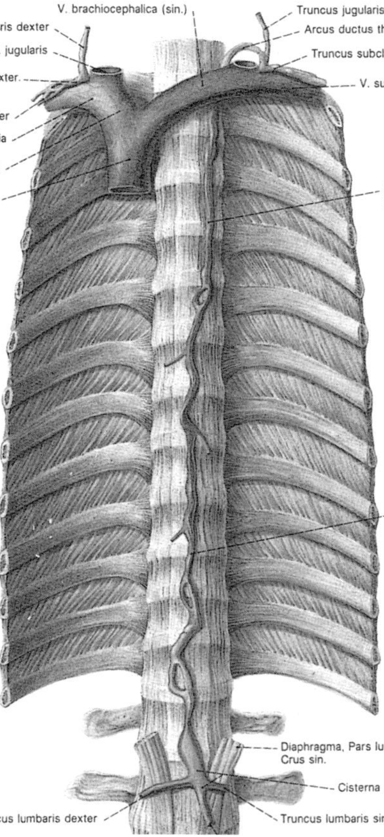

Ductus thoracicus und zugehörige Hauptlymphwege.

✎ *Topographisch-klinischer Hinweis:*
Der Ductus thoracicus mündet von hinten kommend in den linken Venenwinkel.

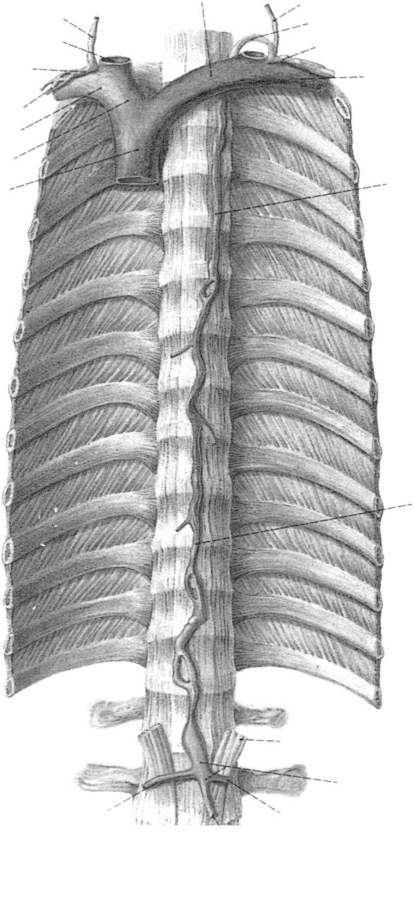

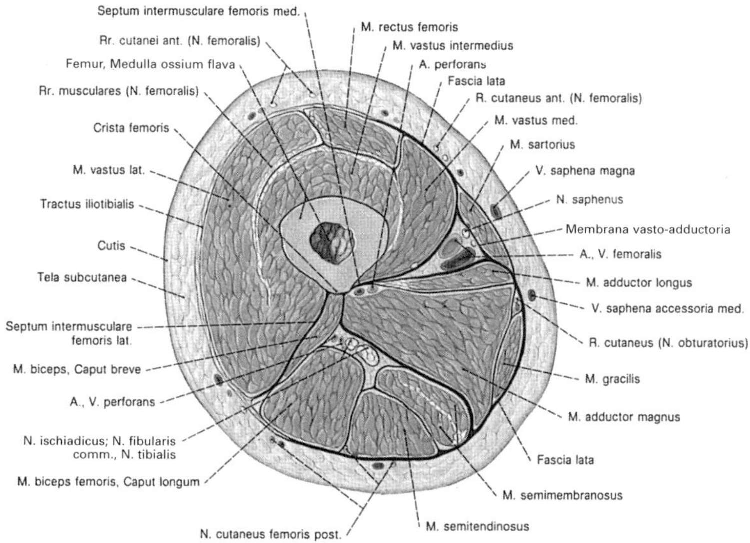

Querschnitt durch das mittlere Drittel des rechten Oberschenkels.
Ansicht von distal.

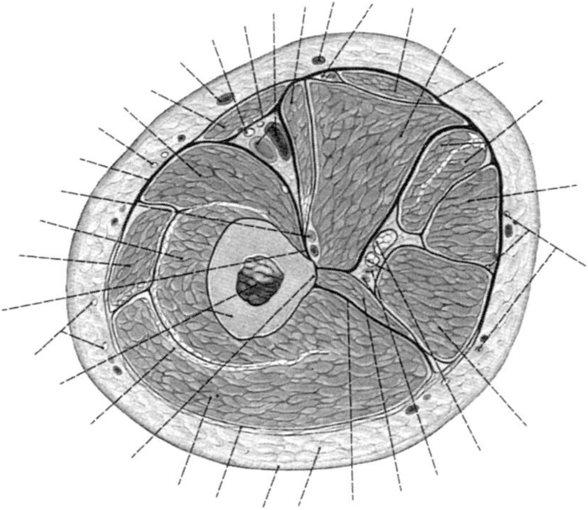

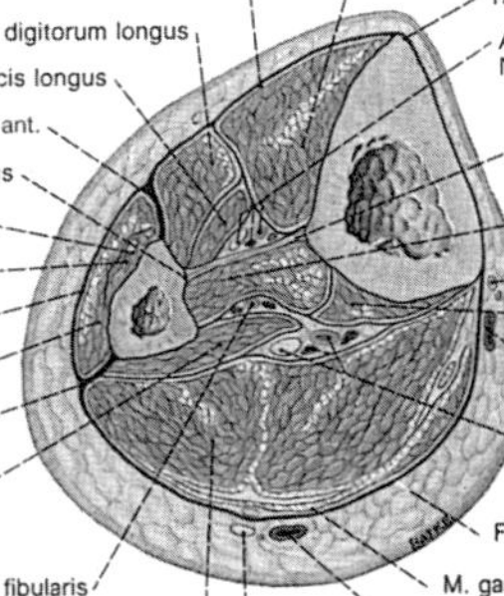

Querschnitt durch das mittlere Drittel des rechten Unterschenkels. Ansicht von distal.

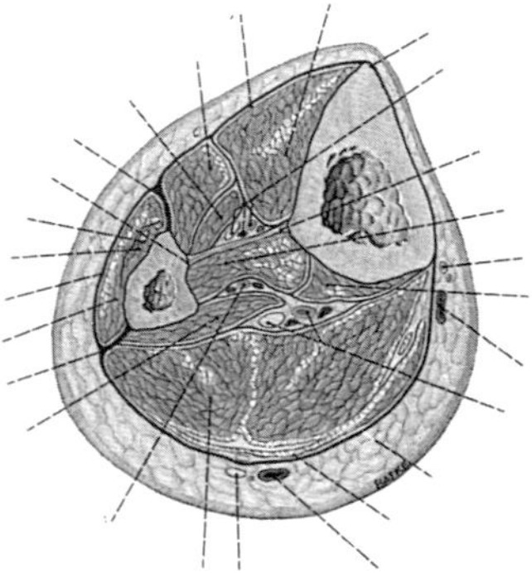

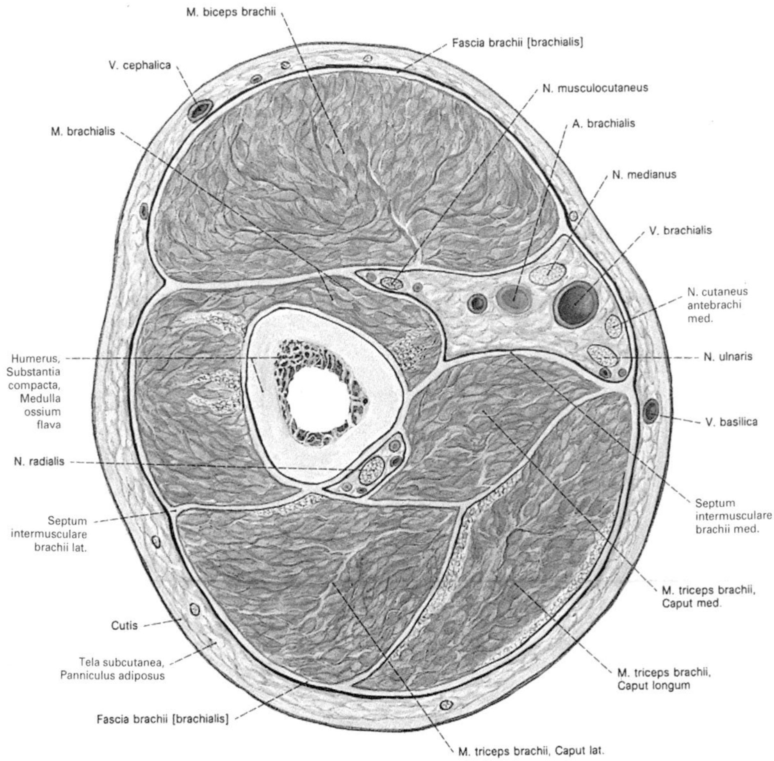

Querschnitt durch den linken Oberarm im mittleren Drittel.
Ansicht von distal.

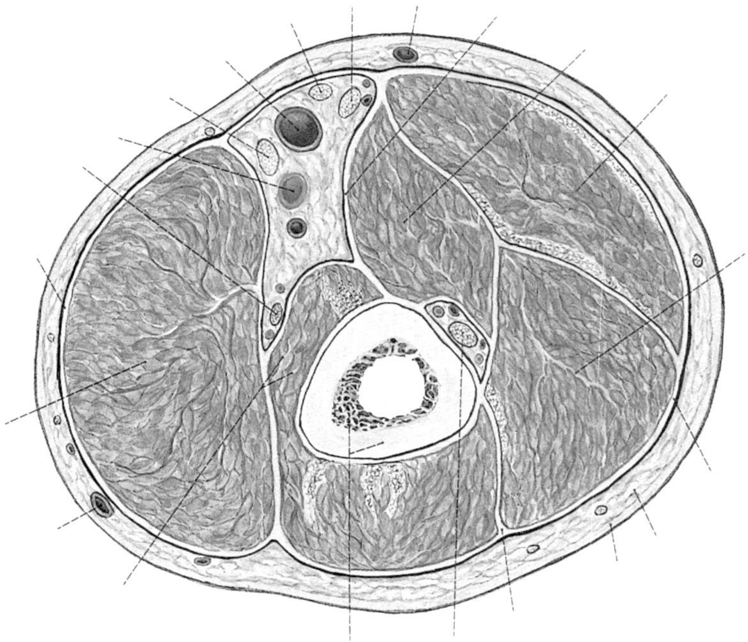

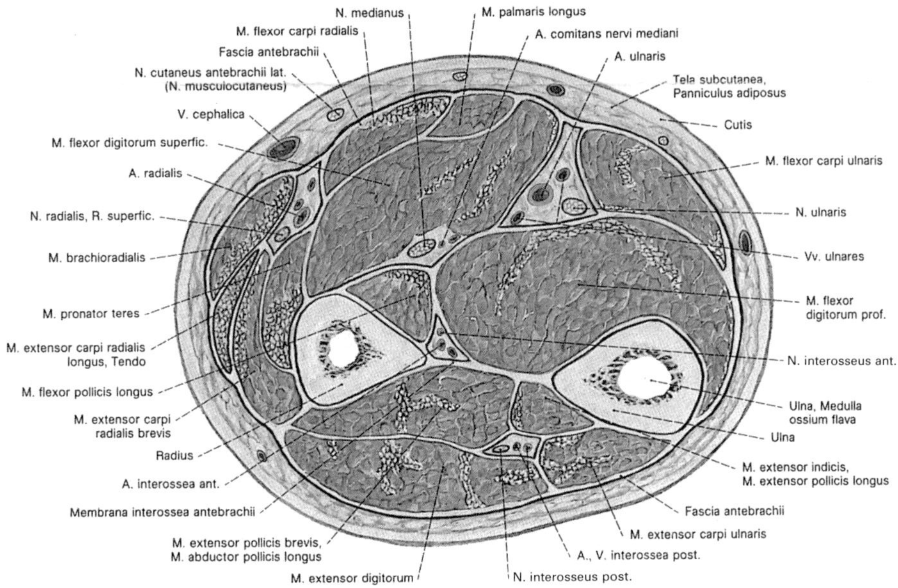

Querschnitt durch das mittlere Drittel des linken Unterarms.
Ansicht von distal.

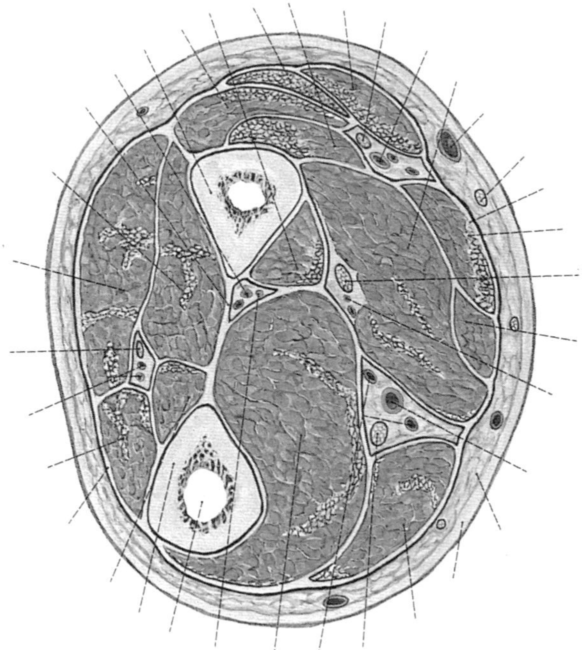

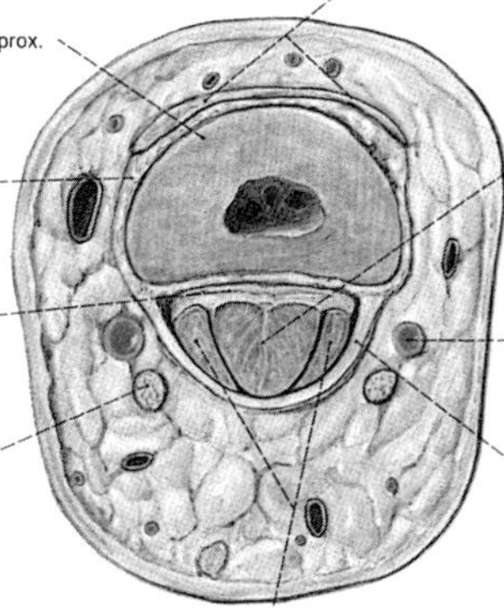

Querschnitt durch den Mittelfinger in Höhe der Grundphalanx.
* Übergang der Sehne in die sog. Dorsalaponeurose

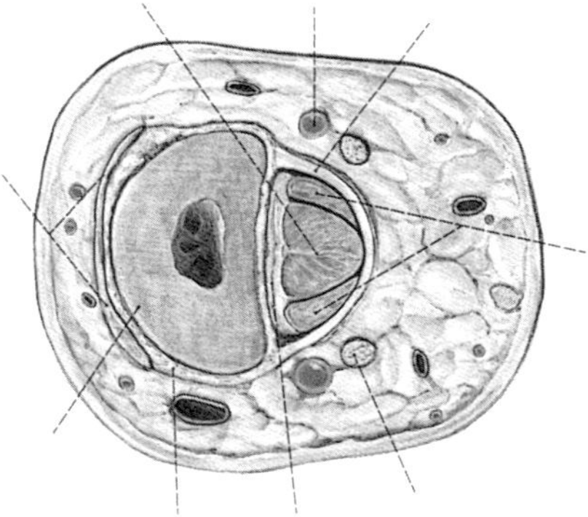

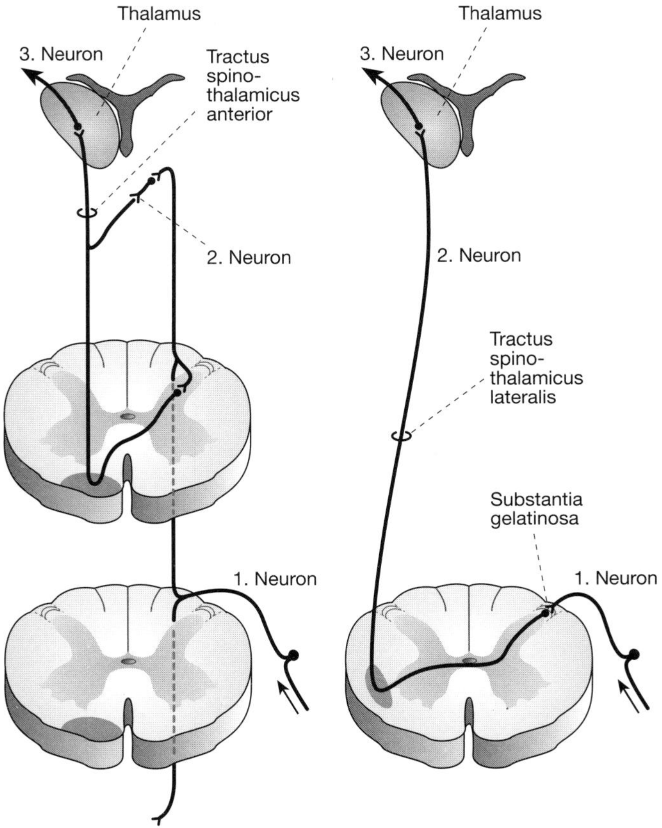

grobe Berührungs- und Tasteindrücke, weniger abgestufte Druckempfindungen

Schmerz, Temperatur (Kitzeln, Jucken, sexuelle Empfindungen)

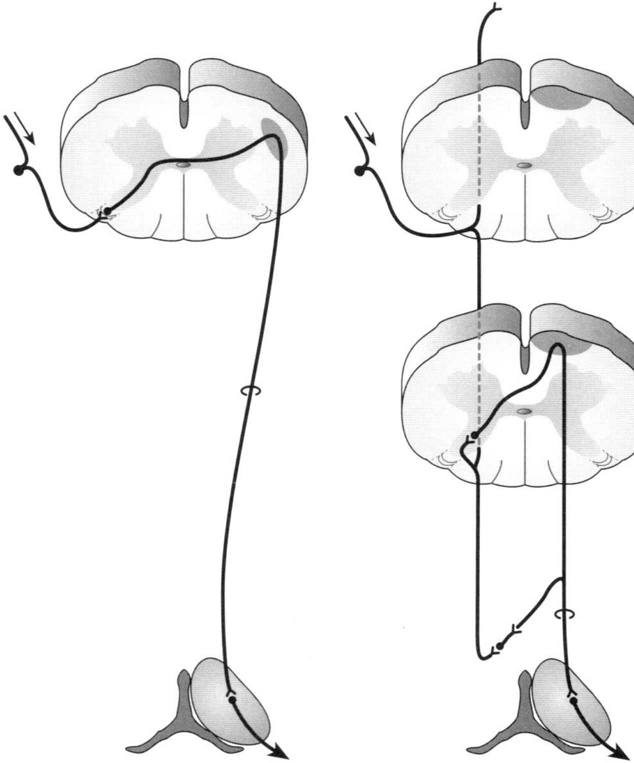

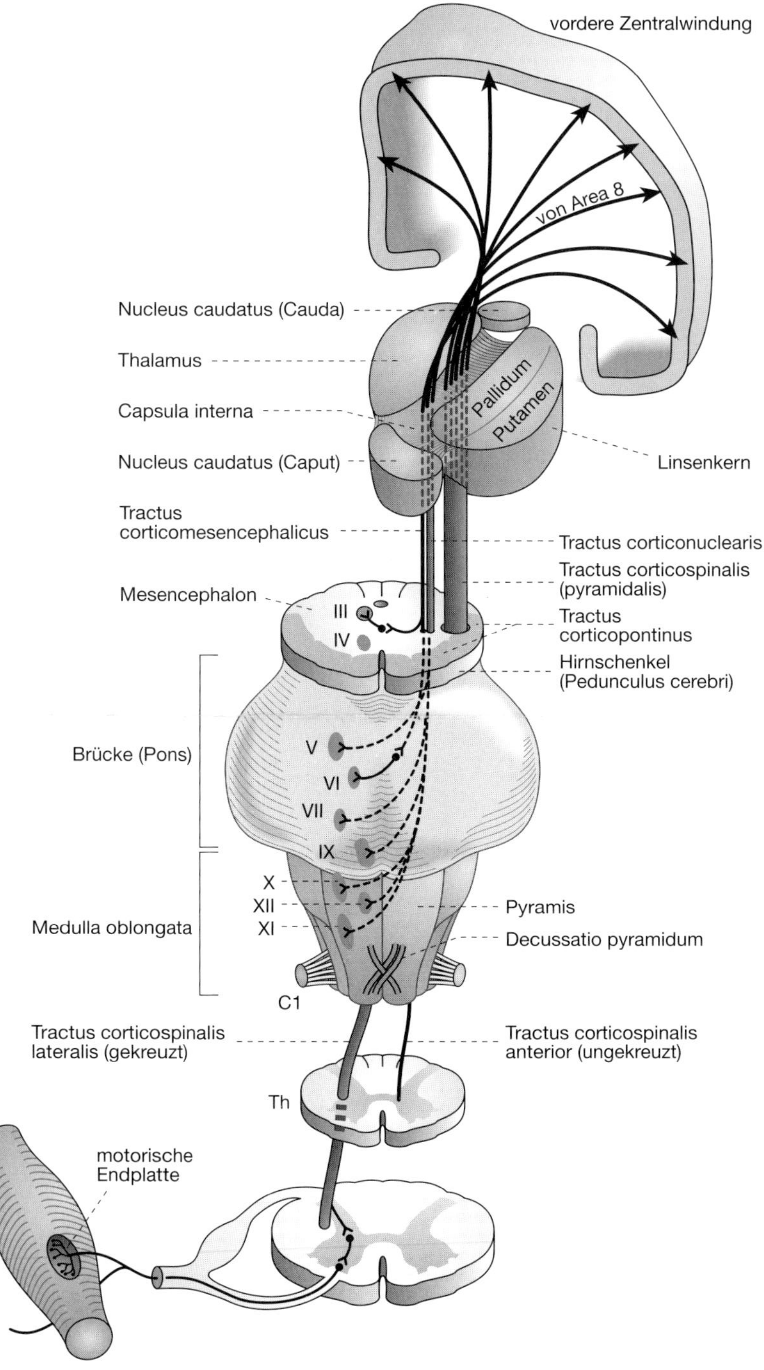
vordere Zentralwindung
von Area 8
Nucleus caudatus (Cauda)
Thalamus
Pallidum
Putamen
Capsula interna
Nucleus caudatus (Caput)
Linsenkern
Tractus corticomesencephalicus
Tractus corticonuclearis
Tractus corticospinalis (pyramidalis)
Mesencephalon
III
IV
Tractus corticopontinus
Hirnschenkel (Pedunculus cerebri)
Brücke (Pons)
V
VI
VII
IX
X
XII
XI
Pyramis
Medulla oblongata
Decussatio pyramidum
C1
Tractus corticospinalis lateralis (gekreuzt)
Tractus corticospinalis anterior (ungekreuzt)
Th
motorische Endplatte

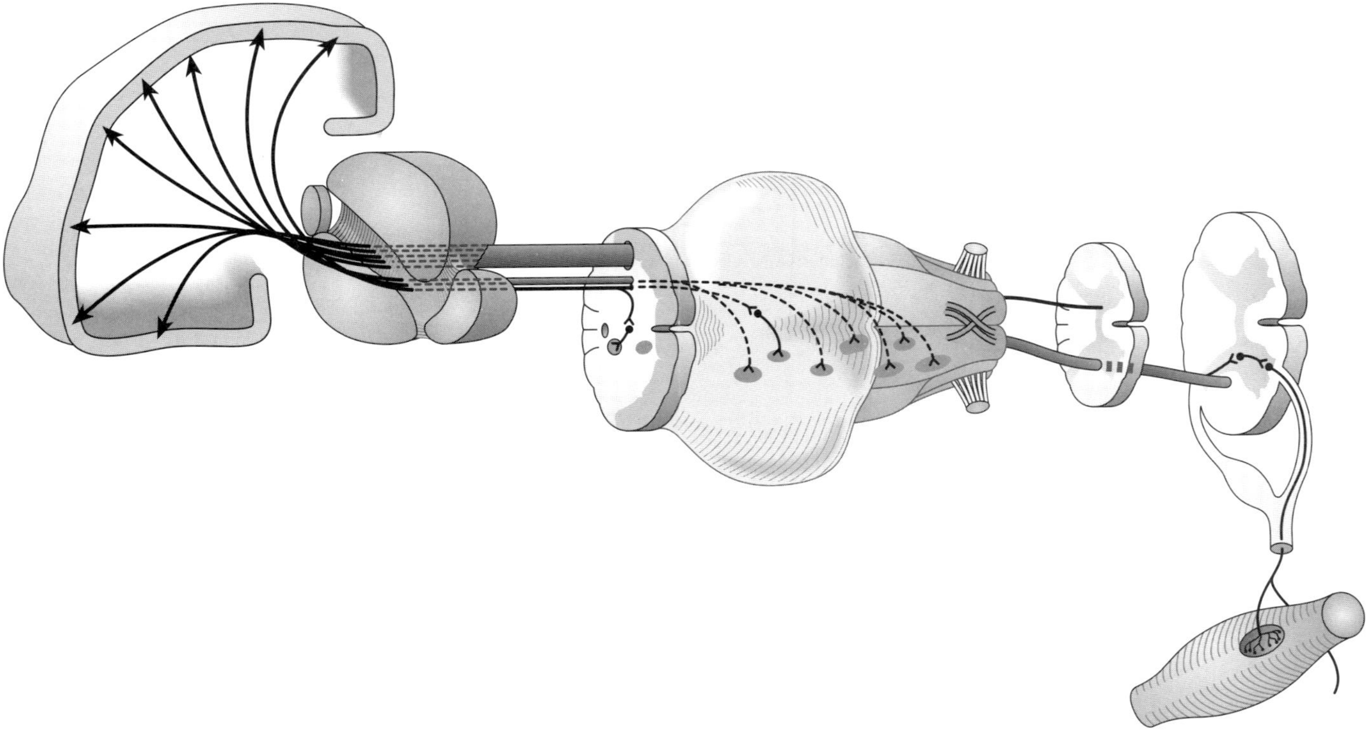

Inhaltsverzeichnis